U0161053

分布式潮流控制器
技术及应用

裘　鹏　陈　骞　陆　翌　金玉琪　谢浩铠
黄晓明　陆承宇　徐　华　潘武略　唐爱红
王　松　张　静　陈　明　戚宣威　盛晓东
林艺哲　杨岳峰　詹　雄　丁　超　林进钿
郑　眉　倪晓军　许　烽　周路遥　邓　晖
房　乐　李心宇　著

中国电力出版社
CHINA ELECTRIC POWER PRESS

内 容 提 要

本书共有八章，内容以分布式潮流控制器技术为主线，涵盖了分布式潮流控制器的原理和作用、核心设备、控制保护系统、建模与仿真技术、过电压与绝缘配合、调试试验技术以及国内外的工程应用情况。对于国内分布式潮流控制器的工程介绍，依托于浙江湖州和杭州 DPFC 工程示范项目，重点补充了 DPFC 工程示范项目的控制系统配置情况。

本书可供从事柔性交流输电工程研发、设计、施工、运行、维护、检修以及柔性交流输电设备制造、电力系统规划设计与运行管理等方面的专业技术人员和工程师使用，也可以作为高等院校相关专业教师和学生的参考书。

图书在版编目（CIP）数据

分布式潮流控制器技术及应用 / 裘鹏等著． —北京：中国电力出版社，2021.12
ISBN 978-7-5198-6150-6

Ⅰ. ①分… Ⅱ. ①裘… Ⅲ. ①电气控制器–研究 Ⅳ. ①TM571.2

中国版本图书馆 CIP 数据核字（2021）第 229397 号

出版发行：中国电力出版社
地　　址：北京市东城区北京站西街 19 号（邮政编码 100005）
网　　址：http://www.cepp.sgcc.com.cn
责任编辑：穆智勇
责任校对：黄　蓓　朱丽芳
装帧设计：张俊霞
责任印制：石　雷

印　　刷：河北鑫彩博图印刷有限公司
版　　次：2021 年 12 月第一版
印　　次：2021 年 12 月北京第一次印刷
开　　本：787 毫米×1092 毫米　16 开本
印　　张：11.5
字　　数：234 千字
印　　数：0001—1000 册
定　　价：78.00 元

前言 Preface

为了达成"碳达峰、碳中和"的目标，我国提出构建以新能源为主体的新型电力系统的指导思想。由于新能源出力的波动性和间歇性，电网运行过程中将出现潮流波动大、输电线路堵塞和潮流分布不均衡的问题，造成关键供电断面限额偏低，制约电网供电能力，影响新能源消纳以及经济社会绿色转型的发展脚步。在此背景下，构建多元融合的高弹性新型电力系统迫在眉睫。应用柔性交直流输电技术，提升电网的承载力与新能源的送出能力，提高电网控制的灵活性与快捷性，是新型电力系统发展的必经之路。

当前，为提升电网控制能力，一般采用静止无功发生器（SVC）、静止同步补偿器（STATCOM）、统一潮流控制器（UPFC）等集中式柔性交流输电设备。但是，集中式的柔性交流输电设备存在结构复杂、建设周期长、占地面积大、一次性投资大、可靠性低和维护困难等问题，无法兼顾电网运行与投资效益。

分布式潮流控制器（DPFC）是一种新型柔性潮流控制装置，以分布式结构为特点，可视环境条件，灵活安装于变电站内部或者沿着输电线路和杆塔进行分散式布置，依据电网规划需求进行分批分期建设，具备比传统集中式柔性交流输电设备更好的灵活性与经济性，同时具有系统运行优化、均衡优化潮流分布、限制潮流断面过载、抑制功率振荡和次同步谐振等诸多功能。通过特定的控制策略，DPFC 可以满足多种不同的电网调控需求，充分发挥输电线路资源，增强系统网架结构和承载力，提升电网输送能力，提高新能源消纳能力。

2020 年，在国网浙江省电力有限公司的统一领导下，由国网浙江省电力有限公司电力科学研究院、南瑞继保电气有限公司、国网湖州供电公司等共同完成了浙江湖州 220kV 分布式潮流控制器示范工程。该工程装置的额定容量达 58.32MVA，可使该地区电网输电能力提升约 140MW 以上，是世界上容量最大的分布式潮流控制器示范工程，也是世界上首次将分布式潮流控制器应用于 220kV 输电线，标志着我国在柔性交流输电领域取得了新的突破，填补了我国分布式柔性交流输电技术应用的技术空白。同年，投运了浙江杭州 220kV 分布式潮流控制器示范工程，装置额定容量达 25.9MVA，可使该地区电网输电能力提升约 150MW，极大地增强了电网的柔性调控能力。

国网浙江省电力有限公司在 DPFC 建设和运行方面积累了较为丰富的试验和工程经验，为分享 DPFC 的相关知识，国网浙江省电力有限公司组织了本书的编写工作，以便为建设更高电压等级、更大传输容量和适用面更广的柔性交流输电网提供技术参考，为提升我国电网的整体科技含量，推动我国柔性输电设备成套设计及制造产业的发展做出贡献。

本书依托于浙江湖州、杭州 220kV 分布式潮流控制器示范工程的建设经验，以分布式潮流控制器技术为主线，通过对现有研究和实践成果的总结，系统阐述了分布式潮流控制器的原理和作用、核心设备、控制保护系统、建模与仿真技术、过电压与绝缘配合、调试试验技术以及国内外的工程应用。

在本书编写过程中，得到了国网浙江省电力有限公司、国网浙江省电力科学研究院、武汉理工大学、南瑞继保电气有限公司、中电普瑞科技有限公司、国网杭州供电公司、国网湖州供电公司等单位的大力支持与帮助，在此表示衷心的感谢。

由于编写时间仓促，编者水平所限，书中难免有疏漏和不足之处，恳请读者批评指正。

编　者

2021 年 10 月

目录 Contents

前言

1　分布式潮流控制技术概述 ·· 1

1.1　柔性交流输电系统技术发展历程 ··· 1

1.2　分布式潮流控制器研究现状 ··· 10

2　分布式潮流控制器原理和作用 ·· 17

2.1　分布式潮流控制器的技术原理 ··· 17

2.2　分布式潮流控制器的控制功能分析 ··· 20

2.3　分布式潮流控制器在电网中的优化配置 ··································· 24

3　分布式潮流控制器的核心设备 ·· 33

3.1　换流器 ··· 33

3.2　机械旁路开关 ·· 35

3.3　晶闸管旁路开关 ··· 43

3.4　相变冷却系统 ·· 53

3.5　通信系统 ·· 56

3.6　取能回路 ·· 58

4　分布式潮流控制器的控制保护系统 ··· 65

4.1　控制策略 ·· 65

4.2　保护策略 ·· 88

4.3　控制保护系统结构与功能 ·· 91

5 **分布式潮流控制器的建模与仿真技术** ·· 97

    5.1　分布式潮流控制器稳态建模方法 ·· 97

    5.2　分布式潮流控制器机电暂态建模方法 ··· 103

    5.3　分布式潮流控制器电磁暂态建模与仿真技术 ······························· 105

6 **分布式潮流控制器的过电压与绝缘配合** ··· 112

    6.1　典型分布式潮流控制器避雷器布置图和相应符号 ······················· 112

    6.2　绝缘配合目标和流程 ··· 113

    6.3　绝缘配合输入条件 ·· 114

    6.4　过电压与绝缘配合 ·· 115

7 **分布式潮流控制器系统的调试试验技术** ··· 118

    7.1　分布式潮流控制器的主设备试验技术 ··· 118

    7.2　分布式潮流控制器控制保护系统闭环试验技术 ···························· 122

    7.3　分布式潮流控制器工程现场系统调试技术 ·································· 126

8 **分布式潮流控制器的工程应用** ··· 153

    8.1　国外分布式潮流控制器的工程应用 ··· 153

    8.2　国内分布式潮流控制器的工程应用 ··· 168

① 分布式潮流控制技术概述

1.1 柔性交流输电系统技术发展历程

柔性交流输电系统（Flexible Alternative Current Transmission Systems，FACTS）是指配备电力电子型或其他静止型控制器以加强系统可控性和增加功率传输能力的交流输电系统。其将电力电子技术、现代控制技术及计算机技术与电力系统相结合，可快速实现线路有功和无功潮流调整，合理分配系统输送功率，降低功率损耗和发电成本，提高交流系统的稳定性与线路潮流输送容量，充分利用现有输电通道资源，从而满足电力系统安全、可靠和经济运行的目标。

1.1.1 FACTS 的技术背景

随着全球传统化石能源短缺和能源结构转化加剧，人们对电能的需求日益增加，电网趋向于高电压、大容量、远距离输电方向发展，电网之间有着更强的关联性，结构也变得越来越复杂，对电网控制技术提出了更高的要求。

20 世纪 70 年代后，电力电子技术发展迅猛，其与计算机信息技术和控制理论相结合，为解决上述问题提供了一个新的方向。1986 年，美国电力科学研究院（Electric Power Research Institute，EPRI）的 Narain G Hingorani 博士首次提出了 FACTS 的概念。随着门极可关断晶闸管（Gate Turn-Off Thyristor，GTO）、绝缘栅双极型晶体管（Insulated Gate Bipolar Transistor，IGBT）等全控型电力电子器件的发展，FACTS 的概念也得到了深入诠释和不断完善。1997 年，美国电气与电子工程师协会（Institute of Electrical and Electronics Engineers，IEEE）的 FACTS 工作组对 FACTS 的标准定义进行了规范化。

与传统机械式控制相比，FACTS 控制器拥有更快的响应速度、更频繁的操作能力、更连续和灵活的控制功能，可以对电网进行快速、连续、灵活和精确的控制，满足发电机的各种快速控制需求，极大提高了电力系统的潮流控制能力和各种动态性能。FACTS 概念的提出，不仅归纳了这些新型装置共同的技术基础和可能的电网控制功能，而且推广了其技术思路，进一步指导多种新的 FACTS 控制器的研制和应用，推动 FACTS 成为一个崭新的电力技术领域。

1.1.2 典型 FACTS 装置分类及原理

根据接入系统的方式，FACTS 装置可分为并联型、串联型及串并联混合型，各种类型的典型代表装置有：

（1）并联型。并联型 FACTS 装置包括静止无功补偿器（Static Var Compensator，SVC）、静止同步补偿器（Static Synchronous Compensator，STATCOM）、静止同步发电机（Static Synchronous Generator，SSG）。

（2）串联型。串联型 FACTS 装置包括可控串联补偿（Thyristor Controlled Series Compensation，TCSC）、晶闸管控制开关电抗器（Thyristor Controlled Switched Reactor，TCSR）、晶闸管投切串联电抗器（Thyristor Controlled Switched Series Reactor，TSSR）、静止同步串联补偿器（Static Synchronous Series Compensator，SSSC）、分布式潮流控制器（Distributed Power Flow Controller，DPFC）。

（3）串并联混合型。串并联混合型 FACTS 装置包括晶闸管控制电压调节器（Thyristor Controlled Voltage Regulator，TCVR）、统一潮流控制器（Unified Power Flow Controller，UPFC）、分布式–统一潮流控制器（Distributed-Unified Power Flow Controller，D-UPFC）、线间潮流控制器（Interline Power Flow Controller，IPFC）。

不同类型 FACTS 装置的控制技术、控制对象及功能如表 1–1 所示。

表 1–1 　　　　　　　　　　　FACTS 装 置 分 类

系统接入方式	装置控制技术	FACTS 装置	控制对象	主要功能
并联型	半控型器件	SVC	线路电压	电压控制
	全控型器件	STATCOM	线路电压	电压控制
		SSG	线路电压	有功和无功功率、电压控制
串联型	半控型器件	TCSC	线路阻抗	潮流控制、电压控制
		TCSR		
		TSSR		
	全控型器件	SSSC	线路电压	潮流控制、电压控制、阻尼功率振荡
		DPFC		
串并联混合型	半控型器件	TCVR	线路电压	潮流控制、电压控制
	全控型器件	UPFC	线路电压、线路阻抗	潮流控制、电压控制、阻尼功率振荡
		D-UPFC		
		IPFC		

并联型 FACTS 装置可补偿无功功率、稳定母线电压、提高系统运行稳定性；串联型 FACTS 装置通过改变线路等效阻抗，提高线路输送容量、抑制功率与电压振荡；串并联

混合型 FACTS 装置集合了并联型与串联型 FACTS 装置的优点,可以实现线路综合潮流调控、三相不对称补偿、系统振荡抑制、母线电压稳定控制等诸多功能。

1.1.2.1　并联型 FACTS 装置研究现状

在并联型 FACTS 装置应用中,STATCOM 最广为人知,下面将以 STATCOM 为例介绍其研究现状与基本原理。

STATCOM 装置是发展最快而且应用最广的一种并联型 FACTS 设备。世界首个 STATCOM 工程(±20Mvar)由日本三菱电机公司与关西电力公司合作完成,并于 1980 年投入运行,但受限于当时的电力电子器件制造水平,该装置的逆变器开关器件采用的是晶闸管。随着电力电子技术与工业制造技术的发展,EPRI 与西屋电气公司基于 GTO 所研制的 STATCOM 装置于 1986 年 10 月投入运行。此后,日本、芬兰、法国、美国等国家相继投运了大容量 STATCOM 装置。国内 FACTS 技术发展较晚,1994 年河南省电力公司和清华大学开始研制容量为 ±20Mvar 的 STATCOM 工程装置,并于 1999 年在河南洛阳 220kV 朝阳变电站成功投运。第一台采用级联 H 桥拓扑的 STATCOM 装置由清华大学、上海市电力公司等单位联合研制,容量为 ±50Mvar,并于 2006 年正式投运。之后,我国 FACTS 技术发展迅速,目前已有多个 STATCOM 工程成功投入运行,如东莞 500kV 水乡变电站、广州 500kV 北郊变电站、广州 500kV 木棉变电站均配备有 ±200Mvar 的链式 STATCOM 装置。STATCOM 拓扑结构如图 1-1 所示。

从结构上看,STATCOM 是一个 boost 整流电路,其通过滤波电感及耦合变压器与电网相连,可以与系统进行无功功率交换,控制灵活快速且运行稳定,可以缓解电力系统三相电压不对称,抑制次同步振荡,稳定母线电压,提高系统运行稳定性。文献 [4] 围绕正序电压和负序电压的相移角之间的定量关系以及正序电压和负序电压调制比

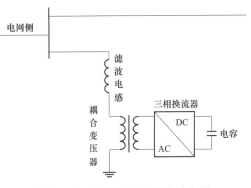

图 1-1　STATCOM 拓扑结构图

之间的定量关系开展了研究,提出了适用于电力系统电压不对称工况下的级联 STATCOM 正负序电压的协调控制策略。针对新能源电源自身存在一定的波动性问题,为了降低其并网运行后带来的波动,可以采用含储能的 STATCOM 装置,使得 STATCOM 除了能进行无功补偿之外,还能调节有功功率。相关研究表明,STATCOM 具备抑制系统振荡的作用,文献 [5] 提出了一种可在电力系统扰动期间快速测量系统信号的方法,并提出了一种 STATCOM 的控制模式,在该模式下,STATCOM 可以依据系统的情况,自适应地提高系统在特定频率下的阻尼能力,解决系统的低频振荡问题。为了弥补集中式 FACTS 存在的经济性与可靠性不佳的缺点,相当多的学者投入到了分布式同步静止补

偿器的研究之中。相关研究表明，通过在相邻处安装多个 STATCOM 单元，可以获得更好的电压输出曲线，并且 STATCOM 单元之间可以分担负荷，灵活性、可靠性和经济性也得到了很大的提高。

1.1.2.2 串联型 FACTS 装置研究现状

串联型 FACTS 装置可分为集中式与分布式。其中，集中式串联型 FACTS 装置的代表装置为 SSSC，由 Gyugyi 教授于 1989 年提出。世界首个自励型 SSSC 工程装置由国网天津市电力公司牵头，联合全球能源互联网研究院有限公司、南瑞集团中电普瑞科技有限公司及中国电力科学研究院有限公司等单位联合研发，并于 2018 年 12 月于天津石各庄 220kV 变电站顺利投入运行。SSSC 拓扑结构如图 1-2 所示。

图 1-2 SSSC 拓扑结构图

SSSC 串联接入电力系统，其输出电压与线路电流相位差为 90°，只能工作在容性与感性补偿模式，可以改变线路等效阻抗，控制线路输送有功功率，抑制系统功率与电压振荡。SSSC 在不同工作状态下电压补偿相量图如图 1-3 所示。

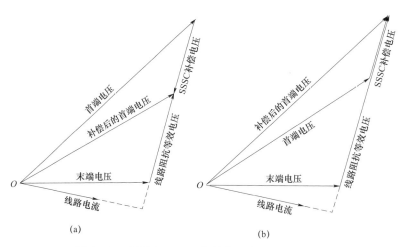

(a)　　　　　　　　　　　　(b)

图 1-3 SSSC 不同工作状态下电压补偿相量图

（a）感性工作状态；（b）容性工作状态

SSSC 控制策略是其功能实现的核心，面向目前电力系统广泛存在的振荡问题，主要围绕 SSSC 的阻尼控制策略展开研究。文献[8]发现了工作在电抗控制模式下的 SSSC 在系统频率变化时可能会引起谐振频率增大的问题，从而设计了一种可有效测量和抑制线路电流的次同步分量的卡尔曼滤波器，与 SSSC 配合使用可以解决系统次同步谐振问题。文献[9]提出了一种基于散射变换的广域阻尼控制器，以减少 SSSC 通信时间延迟，提高装置与系统运行稳定性。为解决系统新能源并网可能产生的次同步振荡问题，文献

[10] 提出了一种附加有源电阻控制策略，使得 SSSC 补偿电压与次同步电流同相位，有效抑制系统次同步振荡。

由于集中式串联型设备存在结构复杂、占地面积大、投资高和维护困难等问题，难以实现在电力系统中的广泛应用。美国佐治亚理工大学 D.Divan 教授于 2004 年 IEEE 电力电子年会上提出分布式柔性交流输电系统（Distributed Flexible Alternative Current Transmission System，D-FACTS）的概念，其囊括了一系列分布式串联型 FACTS 技术，典型设备有分布式串联阻抗（Distributed Series Impedance，DSI）、分布式串联电抗（Distributed Series Reactor，DSR）、DPFC，下面简要介绍 DSI、DSR 的发展现状与原理，DPFC 将在 1.2 节中介绍。

DSI 作为最早被研究的 D-FACTS 装置，主要由电能存储装置、单相逆变器及开关电路组成，其拓扑结构如图 1-4 所示。通过对单相逆变器逆变电压进行控制，为被控线路提供等效正阻抗或负阻抗，从而改变线路参数，实现调控功能。DSI 的等效输出为纯阻性阻抗，因此要求储能装置具备双向功率交换的功能，对储能装置的类型与控制具备很高的要求。相较于其他 D-FACTS 装置，由于 DSI 调控效率较低、应用场景有限，目前尚无相关工程应用报道。

DSR 主要由单匝耦合变压器、取能电路、励磁电抗、控制开关等组成，其拓扑结构如图 1-5 所示。其中，取能电路的主要作用是在 DSR 退出或投入补偿的不同工况下为控制电路、无线通信模块和复合开关提供稳定的直流电压。为了提高系统的稳定性与可靠性，控制电路和通信模块都采用主从冗余模式。DSR 可根据预设的阻抗目标值控制开关，以此实现励磁电抗的投入或退出，直接控制接入阻抗大小，强制改变线路潮流。在工程

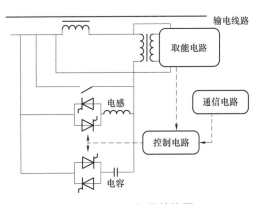

图 1-4 DSI 拓扑结构图

应用领域，美国在 2011 年投运世界首例 DSR 工程，2013 年在两条 115kV 输电线路安装了 33 个 DSR 单元，2015 年乔治亚州电力公司在某线路又安装了 66 个 DSR 单元。南瑞集团中电普瑞科技有限公司研制了国内首套 DSR 控制单元，成功研制了原理样机，电压等级达到 220kV、等效电感值达 50μH。

1.1.2.3 串并联混合型 FACTS 装置研究现状

串并联混合型 FACTS 装置的代表装置有统一潮流控制器（Unified Power Flow Controller，UPFC）、分布式-统一潮流控制器（Distributed-Unified Power Flow Controller，D-UPFC）。

UPFC 的概念由 Gyugyi 教授在 1991 年首次提出，是当时 FACTS 中功能最强大、研

究最广泛的装置，其拓扑结构如图 1-6 所示。

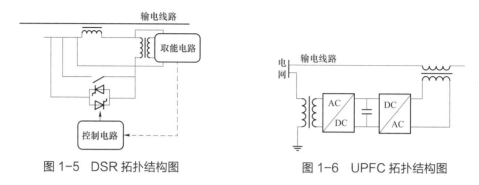

图 1-5 DSR 拓扑结构图   图 1-6 UPFC 拓扑结构图

　　UPFC 并联侧实质上是 STATCOM，可以为母线提供独立可控的无功功率，调节母线电压；串联侧则相当于是带储能的 SSSC，但其有功功率不是由蓄电池提供。而是由系统通过公共直流电容以及并联侧所形成的有功通道提供。如此一来，UPFC 串联侧可逆变出幅值相位均可控的电压，实现线路有功、无功功率的四象限调控。

　　UPFC 通过在线路中串入具有合适的幅值与相角的电压和注入电流，可以完成并联补偿、串联补偿、相位调节等多重控制功能，不同控制功能下的相量关系如图 1-7 所示。

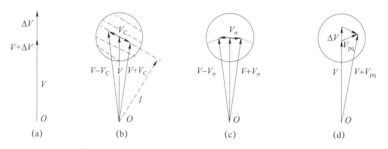

图 1-7 不同控制功能下的 UPFC 相量关系
（a）电压调节；（b）线路阻抗调节；（c）相位调节；（d）电压、阻抗、相位调节

　　由于 UPFC 对电力系统有优良的补偿性能，为了与 UPFC 工程应用相契合，目前主要围绕以下方面展开了相关研究。文献[12]针对 UPFC 串并联侧投切问题，提出了 UPFC 的平滑投切策略，可以大大减小 UPFC 投切过程对系统的暂态冲击影响。文献［13］针对应用电压等级为 220kV 或 500kV 的 UPFC，分析了采用模块化多电平换流器（Modular Multilevel Converter，MMC）拓扑的 UPFC 对系统电能质量的影响，为 UPFC 工程维护提供指导。文献［14］针对 UPFC 应用在不对称系统的情况，提出了不对称补偿策略，使 UPFC 可在保证潮流调控功能的前提下实现线路不对称补偿。

　　目前，在 UPFC 工程实施方面，美国电力公司在 1998 年 6 月与美国电力研究院、西屋公司合作，研制了世界上第一套 UPFC 装置，并于东肯塔基州的 Inez 变电站投运；韩国电力公司和韩国电科院、Hyosung 公司、西门子公司合作，于 2003 年在朝鲜半岛南半部投运了世界上第二套 UPFC 装置；纽约电力公司和美国电科院、西门子公司合作，研制了世界上第一套可转换静止补偿器（Convertible Static Compensator，CSC，也称广义UPFC 装置）于 2004 年 6 月在纽约州投运；2015 年 12 月，国网江苏省电力公司、中能建江苏省电力设计院、南京南瑞继保电气有限公司等单位联手，解决了 UPFC 工程实用的诸多难题，成功投运了我国第一个、世界上第四个 UPFC 工程——南京西环网 UPFC工程；2017 年，上海 UPFC 示范工程、苏南 UPFC 工程也相继成功投运，其中，苏南UPFC 工程也是世界上电压等级最高的 UPFC 工程。

为了实现多条线路的潮流调控，部分学者开始了线间潮流控制器（Interline Power Flow Controller，IPFC）的研究，广义 IPFC 拓扑结构如图 1-8 所示。

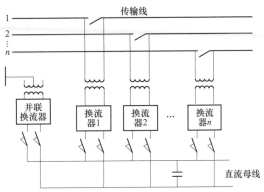

广义 IPFC 并联侧与 UPFC 一致，串联侧可根据需要分为多个单元，所有串联侧共用直流电容，可在多条线路上安装，实现不同线路间定向、定量有功功率的交换，精确调控多条不同输电线路的潮流。尽管有学者提出了不需要并联侧的 IPFC拓扑，但是，若装置个数太少，其调节灵活性差；若装置个数太多，其造价则远远

图 1-8 IPFC 拓扑结构图

高于 UPFC。此外，IPFC 控制策略复杂，装置运行损耗大，工程应用困难。

荷兰 Delft University of Technology 的 Zhihui Yuan 等学者提出了一种结合 D-FACTS与 UPFC/IPFC 优点的 D-UPFC 装置，D-UPFC 通过消除串联侧换流器和并联侧换流器之间的公共直流电容，应用 D-FACTS 技术，将 UPFC 串联侧分解为多个小容量单相变流器，采用分布式方式布置于输电线路上，其拓扑结构如图 1-9 所示。

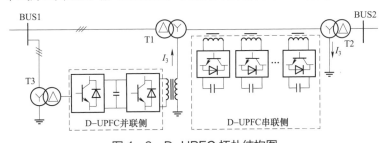

图 1-9 D-UPFC 拓扑结构图

在 D-UPFC 中，串并联换流器交流端均与输电线路连接，因此，可以利用串并联换流器唯一的连通，即输电线路来实现有功功率的传送。D-UPFC 构建了 3 次谐波能量通道，实现了并联侧与串联侧的有功功率传输。该方法建立在非正弦功率理论上，频率不同的电压和电流相乘，得到的有功功率有效值为零，即不同频率之间的有功功率相互独立，这就使得 D-UPFC 中并联侧与串联侧换流器的有功功率交换成为可能。

D-UPFC 并联侧具备如下两个功能：① 工作于 STATCOM 模式，调节母线电压；② 向

△/Y 变压器 T1 的中性点注入 3 次谐波电流，实现有功功率传输。D-UPFC 串联侧通过吸收线路上的 3 次谐波有功功率，向线路输出一个幅值、相角均可调的电压，从而实现线路末端的潮流调控等功能。而自变压器 T1 中性点注入的 3 次谐波电流，经输电线路从 Y/△变压器 T2 的中性点流出。由于变压器的 Y/△结构，3 次谐波电流不会流经其他线路。同时，串联侧需要的有功功率较小，所以线路上的 3 次谐波电流也非常小。

D-UPFC 的潮流控制能力与 UPFC 相同，电压补偿相量图也与 UPFC 相同。

国外针对 D-UPFC 的研究较少，国内研究单位主要有武汉理工大学、武汉大学、华中科技大学等高校以及国家电网公司、南瑞集团等单位。文献［21］构建并优化了反映内部 3 次谐波能量动态交换的 D-UPFC 数学模型，提出了基于 3 次谐波能量平衡的协调 D-UPFC 串并联侧多个换流器间功率交换的控制方法，并研究了考虑系统电容电压、有功、无功潮流等控制目标的多目标控制策略。文献［22］建立了 D-UPFC 基波与 3 次谐波能量动态交换的数学模型，提出了 D-UPFC 非线性反馈控制策略。文献［23］提出了一种在 D-UPFC 串联侧控制单元重新生成输电线路首末端电压相位的控制方法。文献［24］提出了一种基于无线通信组网的 D-UPFC 系统控制策略，针对 D-UPFC 装置分布式安装的特点和快速控制的要求，从系统层面提出一种基于无线通信组网方式的控制系统架构。

由于 D-UPFC 串并联能量交换需要特殊的系统结构，为了使 D-UPFC 更具备普适性，因此有相关研究开始尝试改变 D-UPFC 的拓扑，使 D-UPFC 不再需要 3 次谐波即可实现串并联的能量交换。其提出的新型分布式潮流控制器拓扑结构如图 1-10 所示。

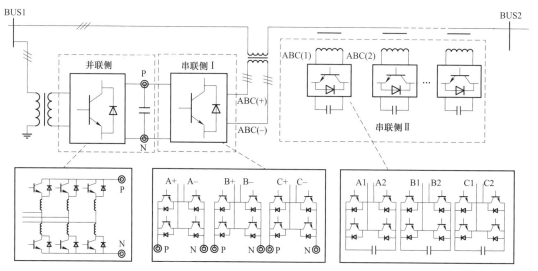

图 1-10　新型分布式潮流控制器拓扑结构图

根据接入系统的方式，该新型分布式潮流控制器分为并联侧与串联侧。并联侧由并联耦合变压器、三相变流器、公共直流电容组成。串联侧分为串联侧Ⅰ与串联侧Ⅱ，其中串联侧Ⅰ为 3 个共直流侧（并联侧公共直流电容）的单相变流器，经 3 相隔离变压器串入电力线路；串联侧Ⅱ采用 D-FACTS 技术，由多组小容量单相换流器组成，分布式安装在输电线路上。

该新型分布式潮流控制器的并联侧工作原理与 UPFC 并联侧相同，其工作在 STATCOM 模式，同时维持与串联侧Ⅰ的公共直流电容电压稳定，向串联侧Ⅰ提供有功功率支撑，而串联侧Ⅰ仅向线路输出与线路电流同向或反向的电压，用以调节线路末端的无功功率，串联侧Ⅱ仅向线路输出与线路电流相垂直的电压，用以调节线路末端的有功功率。串联侧Ⅰ、Ⅱ之间既可联合控制，实现线路末端潮流的综合调控，也可以单独工作，实现单一控制。同时，通常用于调节无功功率的串联侧Ⅰ输出电压较小，因此其装置容量会远远小于 UPFC 的串联侧，可以减小占地、散热等消耗，具备有一定的经济性。其电压补偿相量图如图 1-11 所示。

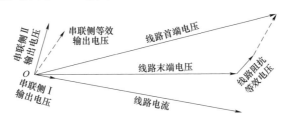

图 1-11 新型分布式潮流控制器电压补偿相量图

1.1.3 FACTS 在电力系统中的作用

FACTS 通过改变线路结构以及相关参量，实现线路潮流和节点电压快速稳定的调节，可用于正常工作状态下的潮流调控以及故障后的线路限流与潮流紧急控制，从而大幅提高系统运行安全性。FACTS 控制器不仅响应时间可达毫秒级，大大缩短控制速度，而且其在改善动态性能、提高电压分布稳定性、解决潮流和谐波污染问题等方面有巨大优势。同时，FACTS 装置可利用无功补偿或电流注入等措施，实现对三相不平衡、电压波动等电能质量问题的改善。FACTS 设备具有以下主要功能：

（1）可以在较大范围内改变输电线路的潮流分布情况，调节电力系统的运行参数、网络参数等，并通过控制其相角差，规定潮流路径，实现灵活快速控制；

（2）增大输电线路的传输功率，降低输电线路功率损耗和发电成本，从而减小系统发电机组的热备用容量；

（3）提高系统电压的稳定性，防止因系统短路或设备故障导致的线路连锁跳闸现象；

（4）确保在不出现过负荷现象的前提下，提高输电线路容量直至接近热稳定极限，提高输电效率；

（5）减小系统阻尼振荡，减小对系统传输能力的限制。

综上，FACTS 技术将有利于降低网损、控制负荷转移、改善电能质量以及提高电网输配电能力，可为解决现代电力系统所面临的问题作出巨大的贡献。

(1.2) 分布式潮流控制器研究现状

为了解决集中式装置在实际电力系统中难以广泛应用的问题，美国电力电子专家 Divan.D.M 教授基于 D-FACTS 的概念提出了 DPFC 的拓扑结构，并进行了大量的原理、功能性分析和实验验证。由于 DPFC 结构简单却具有强大的功率调控特性，因此被众多电力工作者关注。

在 DPFC 理论研究领域，以武汉理工大学、国网浙江省电力有限公司、南瑞集团、武汉大学、Smart Wires Grid 公司等为代表的国内外诸多研究机构均开展了广泛而深入的研究，后文将详细介绍。

在工程应用方面，南瑞集团中电普瑞科技有限公司研制了国内首套通过串联耦合变压器接入的 DPFC 单元，电压等级达到 220kV、电流 500A，实现了 ±20kvar 串联补偿输出。浙江省在 2020 年先后投运了 2 个 DPFC 工程，其中，杭州地区安装的 DPFC 额定容量达 23Mvar，可使该地区电网输电能力提升约 147MW；湖州地区安装的 DPFC 额定容量达 51.8Mvar，可使该地区电网输电能力提升约 100MW 以上。国外仅有工作于单一模式的 DPFC 实际工程，多工作模式的 DPFC 工程样机还处于研发阶段。

下面将从建模方法、控制策略、优化配置三个方面详细介绍 DPFC 的研究现状。

1.2.1 DPFC 建模方法

DPFC 建模是控制策略设计、优化配置研究的前提。国内外学者对 DPFC 的建模方法展开了诸多研究，包括潮流计算模型、机电暂态模型、电磁暂态模型等方面。

针对 DPFC 潮流计算模型，文献 [28] 在提高系统负载能力和可靠性之间达成了折衷，利用混合整数线性规划方法，提出了一种使用直流潮流模型找到 DPFC 最佳位置以增强系统负载能力和可靠性的方法；文献 [29] 基于 PSIM 软件构建了 DPFC 电源模型，通过改变等效电源的相无功电压大小以提高线路电流均衡度，同时可提高线路潮流输送能力；文献 [30] 将 DPFC 等效为可变容抗，构建了含 DPFC 的机电暂态模型，分析了 DPFC 对次同步谐振的抑制作用，并基于模糊 PI 控制方法设计了一套高效率的 DPFC 装置控制策略；文献 [31] 通过将 DPFC 等效为电流源，分析了 DPFC 等效输出电流与系统稳定性的影响关系；文献 [32] 基于 PSASP 构建了 DPFC 的机电暂态模型，并提出了一种可抑制低频振荡、提高系统稳定性的 DPFC 目标参数的设计方法；针对 DPFC 电磁暂态模型研究最为广泛，文献 [33] 基于 RTDS 构建了 DPFC 实时仿真模型，验证了 DPFC 容感性工作模式的切换；文献 [34] 构建了 DPFC 的潮流控制模型，并提出了一种基于输电线路潮流的电压稳定性指标，验证了 DPFC 对系统电压稳定性的改善能力；文献 [35] 提出了 DPFC 容量、滤波电路、电容、串联变压器变比等参数的设计方法，并基于

PSCAD/EMTDC 软件构建了含 DPFC 电磁暂态模型的仿真系统，仿真结果表明：DPFC 可快速有效地调节系统潮流，具有很好的动态性能。

1.2.2 DPFC 控制策略

DPFC 概念被提出以来，国内外的学者已经开展了许多关于其控制方法的理论研究工作。具体的控制方法有常规的幅值相位控制、传统的 PI 控制、基于两相旋转 dq 坐标系的 PI 控制等，并且这些控制方法均已经在仿真实验中得到了验证以及应用。目前有关 DPFC 的控制研究多集中在 DPFC 装置自身控制策略优化以及将 DPFC 应用于优化系统运行方式的控制策略中。

文献 [36] 在分析 DPFC 潮流调节功能的基础上，从频域的角度研究了 DPFC 的潮流调控特性，并证明了 DPFC 对于次同步谐振具有抑制作用；文献 [37] 提出了基于注入电压正交分解的 DPFC 直流电压和潮流解耦控制策略；针对 DPFC 多单元协调优化问题，传统比例分配法与均分法存在一定的不足，文献 [38] 提出了 DPFC 集中管理与优化分配的方案，并基于 RTDS 完成了 DPFC 主控单元的优化分配测试，结果表明实时优化分配法可以提高子模块响应速度与潮流调节速度；文献 [39] 提出一种集群控制策略，使分布式柔性交流输电设备可以在整个运行范围内都稳定地保持补偿效率；文献 [40] 以集中控制的方式调度和配置可用资源，提出了 DPFC 子控制单元投切策略，丰富了 DPFC 的应用场景，增强了应用灵活性；此外，文献 [41] 提出可通过测量分析各单元运行状态与调节目标来确定各单元调节性能优先级，进一步优化 DPFC 子控制单元的投切策略；文献 [42] 提出了一种基于模糊控制理论的 DPFC 控制策略，以提高 DPFC 的控制性能；面向规模风电集成的固有可变性和随机性给潮流控制和调度带来的挑战，文献 [43] 提出了一种 DPFC 多时间尺度协调调度模型，通过优化发电机输出与 DPFC 运行设置，以最大程度地减少风电浪费。

1.2.3 DPFC 优化配置

DPFC 装置能够提高输电线路的功率传输能力，使电力系统的潮流控制方式更为灵活可靠，增强系统的阻尼和稳定性。但是，对于整个电力系统而言，DPFC 安装在不同的输电线路上对系统产生的影响及效果不尽相同。在系统中某一位置安装 DPFC 时，由于线路传输的电压等级及功率的增长速度加快，DPFC 容量随之成比例的加大，继而 DPFC 投资费用增大，DPFC 位置或容量选择不当无疑会导致投资成本浪费，甚至会导致局部断面出现潮流过载的重大安全问题。

电网中 DPFC 的优化配置技术主要涵盖 DPFC 的安装位置和配置容量的优化。一般从改善输电网架的潮流分布来考虑 DPFC 安装地点的选择，容量配置则要考量其稳定性及经济性，以合理的投资成本获取最大经济效益。DPFC 安装位置的优化方法大致可分为专家经验法、优先顺序法和数学分析法。DPFC 容量的优化方法则多采用启发式智能优化算法，例如遗传算法、粒子群算法、神经网络法等。而根据两个优化目标的先后步骤分类，可将优化配置方法分为两大类：一类首先确定 DPFC 的最优安装位置，随后在此基础上进行容量优化配置，称为两步法；另一类同时确定 DPFC 的装配位置及容量，称为一步法。主要有以下文献对 DPFC 的选址定容方面开展了研究。

文献［44］提出了一种将扩展凸规划和序列线性规划相结合的最优潮流方法，通过对潮流优化问题的解耦线性化分析，设计了一种无功优化的序列线性规划模型，对 FACTS 装置的安装位置优化具有一定的参考价值。

文献［45］针对 DPFC 的特性，统筹考虑了 DPFC 生命周期内产生的各项成本及运行效益，提出了差异化经济性评估指标，并分析了 DPFC 不同配置方案对经济性指标的影响，在此基础上提出了 DPFC 差异化规划的优化配置模型以实现考虑分布式潮流控制器特点的效能评估及差异化规划问题。

文献［46］基于混合整数线性规划方法构建了电网承载能力和 DPFC 配置最优的两阶段优化数学模型：第 1 阶段模型考虑电网约束及 DPFC 物理和运行特性约束，实现系统承载能力的最大化；第 2 阶段模型将系统最大承载能力作为运行条件，通过优化 DPFC 的投资费用，确定 DPFC 安装位置及容量的最优配置信息。

文献［47］分析了系统负荷能力与 DPFC 投资的冲突行为，以提高系统负荷能力与经济性能为目标，基于混合整数线性规划提出了 DPFC 选址定容优化方法，并在 IEEERTS79 系统进行了验证。

文献［48］针对 DPFC 的结构及原理进行了分析，提出了一种简化的稳态功率模型，结合 DPFC 单元运行时的容量限制，给出含 DPFC 线路的潮流可行域，然后在此基础上采用了对初值选取不敏感的半定规划法建立了含 DPFC 的系统最优潮流模型，并选用原对偶内点法进行求解。

考虑到 DPFC 在电网中的安装位置及接入容量会直接影响其控制效能的发挥，文献［49］提出了基于多指标效能分析的 DPFC 选址定容两阶段优化策略，先基于 DPFC 对系统潮流均衡的影响程度确定最优安装地点，再应用经济性成本/效益分析进行容量优化。

文献[50]确定了 DPFC 的运行状态及空间转移模型，并通过马尔科夫过程求解 DPFC 各状态平稳概率与故障/修复率，通过建立含 DPFC 的系统潮流计算模型，提出了从断面最大输电能力期望和供电可靠性两个角度来综合评价 DPFC 效能的研究方法。

随着现代电力电子技术的发展，新型大功率电力电子器件的出现将使得每台 D-FACTS 设备的容量即补偿性能得到提高，子单元装置也应朝着更加小型化、更为可靠的方向发展，且由于 D-FACTS 技术在高电压等级线路上优秀的潮流控制效果，DPFC 应用于输电网的研究也将愈发深入。

参考文献

［1］ Falehi A D，Mosallanejad A.Neoteric HANFISC-SSSC based on MOPSO technique aimed at oscillation suppression of interconnected multi-source power systems [J]. IET Generation Transmission & Distribution，2016，10（7）：1728－1740.

［2］ 刘文华，梁旭，姜齐荣，等. 采用 GTO 逆变器的±20Mvar STATCOM [J]. 电力系统自动化，2000，24（23）：19－23.

［3］ 黄伟雄，刘锦宁，王永源，等. 35kV±200Mvar STATCOM 系统总体设计 [J]. 电力自动化设备，2013，33（10）：136－142.

［4］ Liang Hao，Song Hanliang，Xiu Liancheng，et al.Coordination control of positive and negative sequence voltages of cascaded H-bridge STATCOM operating under imbalanced grid voltage [J]. The Journal of Engineering，2019（16）：2743－2747.

［5］ Beza M，Bongiorno M.An adaptive power oscillation damping controller by STATCOM with energy storage [J]. IEEE Transactions on Power Systems，2015，30（1）：484－493.

［6］ Li Chi，Burgos R，Wen Bo，et al. Stability analysis of power systems with multiple STATCOMs in close proximity [J]. IEEE Transactions on Power Electronics，2020，35（3）：2268－2283.

［7］ 宋方方，蔡林海，陆振纲，等. 级联 H 桥 SSSC 的自励启动方法研究 [J]. 智能电网，2017，5（6）：515－523.

［8］ Rajaram T，Reddy J M，Xu Yunjian. kalman filter based detection and mitigation of subsynchronous resonance with SSSC [J]. IEEE Transactions on Power Systems，2017，32（2）：1400－1409.

［9］ Hu sham A，Hussein A E D，Abido M A，et al.Scattering transformation based wide-area damping controller of SSSC considering communication latency [J]. IEEE Access，2021，9：15510－15519.

［10］ 高本锋，王飞跃，于弘洋，等. 应用静止同步串联补偿器抑制风电次同步振荡的方法 [J]. 电工技术学报，2020，35（6）：1346－1356.

［11］ Chaturvedi S，Bozanic M，Sinha S. Effect of lossy substrates on series impedance parameters of interconnects[C]//International Semiconductor Conference（CAS）. IEEE，2016：55－58.

［12］ 潘磊，李继红，田杰，等. 统一潮流控制器的平滑启动和停运策略 [J]. 电力系统自动化，2015，39（12）：159－164，171.

［13］ 陈刚，李鹏，袁宇波. MMC-UPFC 在南京西环网的应用及其谐波特性分析 [J]. 电力系统自动化，2016，40（7）：121－127.

［14］ 满九方，郝全睿，高厚磊，等. 基于 MMC-UPFC 对称分量控制的输电线路三相不平衡治理 [J]. 中国电机工程学报，2017，37（24）：7143－7153，7428.

［15］ 徐叔梅. 联合电力潮控制器（UPFC）在美国电力公司投运 [J]. 电网技术，1998，6：80－81.

［16］ Kim S Y，Chang B H，Jeon Y S，et al. The operation results of KEPCO UPFC [J]. Icpe，

2004：799－801.

［17］ Sun Jiyun，Hopkins L，Shperling B，et al. Operating characteristics of the convertible static compensator on the 345kV network ［C］//Power Systems Conference & Exposition.IEEE，2004，2004（2）：732－738.

［18］ 蔡晖，祁万春，黄俊辉，等. 统一潮流控制器在南京西环网的应用［J］. 电力建设，2015，36（8）：73－78.

［19］ 杨林，蔡晖，汪惟源，等. 500kV 统一潮流控制器在苏州南部电网的工程应用［J］. 中国电力，2018，51（2）：47－53.

［20］ Mishra A，Kumar G V N.Congestion management of power system with interline power flow controller using disparity line utilization factor and multi-objective differential evolution ［J］. CSEE Journal of Power and Energy Systems，2015，1（3）：76－85.

［21］ 唐爱红，高梦露，黄涌，等. 协调分布式潮流控制器串并联变流器能量交换的等效模型［J］. 电力系统自动化，2018，42（7）：30－36.

［22］ Tang Aihong，Shao Yunlu，Xu Qiushi，et al. Multi-objective Coordination Control of Distributed Power Flow Controller［J］. CSEE Journal of Power and Energy Systems，2019，5（3）：348－354.

［23］ Xiao Mengmeng，Wang Shaorong.Coordination control method suitable for practical engineering applications for distributed power flow controller（DPFC）［J］. Energies，2018，11（12）：3406.

［24］ 陈泅，封科，钟亮民，等. 基于无线通信组网的 DPFC 系统控制策略［J］. 北京邮电大学学报，2020，43（2）：122－128.

［25］ 唐爱红，翟晓辉，卢智键，等. 一种适用于配电网的新分布式潮流控制器拓扑［J/OL］. 电工技术学报：1－10［2021－04－22］. https：//doi.org/10.19595/j.cnki.1000－6753.tces.200744.

［26］ Divan D，Brumsickle W，Schneider R，et al. A distributed static series compensator system for realizing active power flow control on existing power lines ［J］. IEEE Transactions on Power Delivery，2007，22（1）：642－649.

［27］ 周路遥，邵先军，郭锋，等. 分布式潮流控制器的工程应用综述［J］. 浙江电力，2020，39（9）：8－13.

［28］ Aminifar F，Fotuhi-Firuzabad M，Safdarian A，et al. Optimal distributed static series compensator placement for enhancing power system loadability and reliability ［J］. IET Generation Transmission & Distribution，2015，9（11）：1043－1050.

［29］ Yoon H J，Cho Y.Imbalance reduction of three-phase line current using reactive power injection of the distributed static series compensator［J］. Journal of Electrical Engineering & Technology，2019，14（3）：1017－1025.

[30] Khazaie J，Mokhtari M，Khalilyan M，et al. Sub-synchronous resonance damping using distributed static series compensator（DSSC）enhanced with fuzzy logic controller [J]. International Journal of Electrical Power & Energy Systems，2012，43（1）：80－89.

[31] Amin A S，A B S，B A A.Modeling and unified tuning of distributed power flow controller for damping of power system oscillations [J]. Ain Shams Engineering Journal，2013，4（4）：775－782.

[32] Hu Chenyu.Research on damping of low frequency oscillation with distributed power flow controller [C] //2019 IEEE 4th Advanced Information Technology，Electronic and Automation Control Conference（IAEAC）. IEEE，2019：481－484.

[33] 刘海军，蔡林海，魏联滨，等. 基于 RTDS 的分布式静止串联补偿器建模与仿真 [J]. 智能电网，2017，5（6）：549－554.

[34] Tang Yi，Liu Yuqian，Dai Jianfeng，et al. Research on steady state voltage stability of power system with distributed static series compensator [C] //2017 IEEE 3rd International Future Energy Electronics Conference and ECCE Asia（IFEEC 2017－ECCE Asia）. IEEE，2017：1731－1735.

[35] Xiaohui Zhai，Aihong Tang，Xingpeng Zou，et al. Research on DPFC capacity and parameter design method [C] //2020 IEEE International Conference on Information Technology，Big Data and Artificial Intelligence（ICIBA），2020：978－982.

[36] 王颖博，宁改娣，李晓东，等. 分布式静止同步串联补偿器时、频域特性研究 [J]. 电力电子技术，2011，45（11）：1－3.

[37] 詹雄，王宇红，赵刚，等. 分布式静止同步串联补偿器研究与设计 [J]. 电力电子技术，2019，53（3）：95－98.

[38] 田星，冯雪，党东升，等. 分布式静止串联补偿器潮流控制优化分配分析 [J]. 电子测量技术，2020（4）：53－57.

[39] 王倩，施荣，李宁. 分布式柔性交流输电系统的高效集群控制研究 [J]. 电气传动，2018，48（9）：51－55.

[40] 陈泅，赵静波，封科，等. 一种基于 DSSC 集中控制的实时优化分配方法 [J]. 电力工程技术，2019，38（3）：87－92.

[41] 钟亮民，陈泅，赵静波，等. 基于集中控制的分布式潮流控制器策略研究 [J]. 电力工程技术，2020，39（1）：38－43.

[42] Tang Yi，Liu Yuqian，Jia Ning，et al. Multi-time scale coordinated scheduling strategy with distributed power flow controllers for minimizing wind power spillage [J]. Energies，2017，10（11）：1804.

[43] Raja R D，Rajeswaran N，Rao T S.Performance of distributed power flow controller in transmission system based on fuzzy logic controller [J]. International Journal of Recent

Technology and Engineering（IJRTE），2019，8（3）：2039－2043.

［44］李尹，张伯明，赵晋泉，等．一种基于扩展线性规划的在线最优潮流方法［J］．电力系统自动化，2006（5）：18－23，48.

［45］王佳丽，唐飞，刘涤尘，等．分布式潮流控制器经济性评估方法与差异化规划研究［J］．电网技术，2018，42（3）：918－926.

［46］汤奕，刘煜谦，宁佳，等．基于两阶段优化的分布式潮流控制器配置方法［J］．电力系统自动化，2018，42（16）：141－147.

［47］Dai Jianfeng，Tang Yi，Liu Yuqian，et al.Optimal configuration of distributed power flow controller to enhance system loadability via mixed integer linear programming［J］．Journal of Modern Power Systems and Clean Energy，2019，7（6）：1484－1494.

［48］唐爱红，石诚成，郑旭，等．基于半定规划法的含分布式潮流控制器最优潮流［J］．电力系统自动化，2020，44（4）：119－125.

［49］李顺，唐飞，廖清芬，等．基于多指标效能分析的分布式潮流控制器选址定容优化策略［J］．电力系统自动化，2017，41（17）：60－65，86.

［50］Dorostkar-Ghamsari M，Fotuhi-Firuzabado M，Aminifar F. Probabilistic worth assessment of distributed static series compensators［J］．IEEE Transactions on Power Delivery，2011，26（3）：1734－1743.

② 分布式潮流控制器原理和作用

DPFC 采用分布式的思想，将大容量串补所起的补偿作用进行拆分细化，通过多个小容量的 DPFC 子单元协同工作以实现单个大容量 SSSC 的潮流调控功能，是未来灵活交流输电技术的发展方向。DPFC 可在不新建线路的情况下满足多种不同的电网调控需求，充分发挥线路走廊资源，增强系统网架结构和承载力，提升区域电网抵御故障及风险的能力，很好地体现了国网浙江省电力公司多元融合高弹性电网"降冗余促安全"的核心内涵。

2.1 分布式潮流控制器的技术原理

2.1.1 DPFC 的系统结构

完整的 DPFC 系统是由多个 DPFC 子单元组成的，单个 DPFC 子单元的拓扑结构如图 2-1 所示。

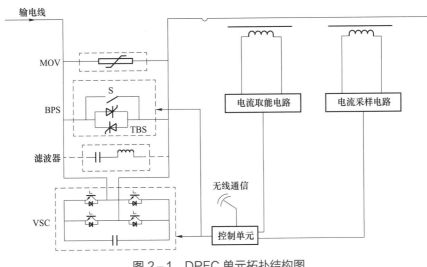

图 2-1 DPFC 单元拓扑结构图

DPFC 子单元由 IGBT、直流电容器、滤波回路、旁路单元、取能回路、控制单元、电压电流测量元件及通信模块等组成。其中，DPFC 的滤波器可根据不同应用场合与控制方式进行配置。

1. 采取载波移相调制时

串接在线路上的多个 DPFC 子单元可以看作级联的多电平逆变器，在采用均分出力策略时，由于每个 DPFC 单元的正弦调制波相同，因此可采取 n 组幅值、频率一致，但相位依次相差固定角度的三角载波进行调制（n 为级联 DPFC 子单元个数），从而使整个 DPFC 系统输出由多电平阶梯波拟合的正弦电压，提高等效开关频率，降低输出电压谐波。在这种工作方式下，DPFC 可采取不含滤波器的拓扑，仅依靠调制方式进行谐波抑制，大幅度减轻单个 DPFC 子单元的重量。

2. 不采取载波移相调制时

由于载波移相方式不适用于 DPFC 子单元分布间隔较远、无法实现实时通信的场景，因此，应用于该场景的 DPFC 子单元拓扑必须配置滤波器以滤除变流器输出电压的高频谐波。

采用上述配置后，DPFC 具备以下优势：① 分阶段规划建设，减少初期投资；② 模块化构造适合规模生产及安装，便于大范围应用；③ 单套设备故障不会大幅影响潮流控制性能，可增强系统可靠性[4]。

2.1.2 DPFC 的基本原理

选用如图 2-2 所示的简化电力线路来进行 DPFC 潮流调控原理分析。

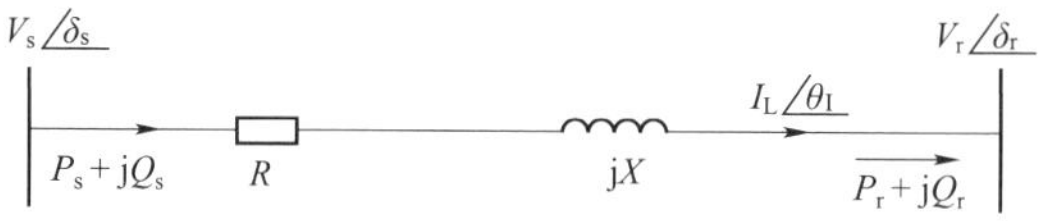

图 2-2 简化电力线路

如图 2-2 所示，$V_s \angle \delta_s$、$V_r \angle \delta_r$ 分别为 DPFC 所在支路首、末端电压，$I_L \angle \theta_L$ 为线路电流，R 与 jX 分别为线路等效电阻与电抗，P_s、P_r、Q_s、Q_r 分别为线路首、末端有功功率与无功功率。

以末端电压相位为参考相位，记 $\delta_{sr} = \delta_s - \delta_r$，则 DPFC 投入之前有

$$\dot{V}_s = V_s \cos \delta_{sr} + j V_s \sin \delta_{sr} \tag{2-1}$$

$$\dot{V}_r = V_r \tag{2-2}$$

$$\dot{I}_L = \frac{\dot{V}_s - \dot{V}_r}{R + jX} = \frac{V_s \cos \delta_{sr} - V_r + j V_s \sin \delta_{sr}}{R + jX} \tag{2-3}$$

线路首、末端视在功率分别为

$$S_s = \dot{V}_s \dot{I}_L^* = (V_s \cos \delta_{sr} + j V_s \sin \delta_{sr}) \left(\frac{V_s \cos \delta_{sr} - V_r + j V_s \sin \delta_{sr}}{R + jX} \right)^* \tag{2-4}$$

$$S_r = \dot{V}_r \dot{I}_L^* = V_r \left(\frac{V_s \cos \delta_{sr} - V_r + j V_s \sin \delta_{sr}}{R + jX} \right)^* \tag{2-5}$$

线路首端初始有功功率和无功潮流分别为

$$P_{s,0} = \mathrm{Re}[\dot{V}_s \dot{I}_L^*] = \frac{V_s^2(R\cos\delta_{sr} + X\sin\delta_{sr})}{R^2 + X^2} - \frac{RV_sV_r}{R^2 + X^2} \qquad (2-6)$$

$$Q_{s,0} = \mathrm{Im}[\dot{V}_s \dot{I}_L^*] = \frac{V_s^2(X\cos\delta_{sr} - R\sin\delta_{sr})}{R^2 + X^2} - \frac{XV_sV_r}{R^2 + X^2} \qquad (2-7)$$

线路末端初始有功潮流和无功潮流分别为

$$P_{r,0} = \mathrm{Re}[\dot{V}_r \dot{I}_L^*] = \frac{V_sV_r(R\cos\delta_{sr} + X\sin\delta_{sr})}{R^2 + X^2} - \frac{RV_r^2}{R^2 + X^2} \qquad (2-8)$$

$$Q_{r,0} = \mathrm{Im}[\dot{V}_r \dot{I}_L^*] = \frac{V_sV_r(X\cos\delta_{sr} - R\sin\delta_{sr})}{R^2 + X^2} - \frac{XV_r^2}{R^2 + X^2} \qquad (2-9)$$

若 DPFC 应用于高压输电网，由于线路电抗 X 远大于线路电阻 R，所以此时 R 可忽略不计，则线路电流为

$$\dot{I}_L' = \frac{\dot{V}_s - \dot{V}_r}{\mathrm{j}X} = \frac{V_s\cos\delta_{sr} - V_r + \mathrm{j}V_s\sin\delta_{sr}}{\mathrm{j}X} \qquad (2-10)$$

对应线路首端初始有功功率和无功潮流分别为

$$P_{s,0}' = \mathrm{Re}[\dot{V}_s \dot{I}_L'^*] = \frac{V_s^2\sin\delta}{X} \qquad (2-11)$$

$$Q_{s,0}' = \mathrm{Im}[\dot{V}_r \dot{I}_L'^*] = \frac{V_r^2\cos\delta_{sr} - V_sV_r}{X} \qquad (2-12)$$

对应线路末端初始有功潮流和无功潮流分别为

$$P_{r,0}' = \mathrm{Re}[\dot{V}_r \dot{I}_L'^*] = \frac{V_sV_r\sin\delta_{sr}}{X} \qquad (2-13)$$

$$Q_{r,0}' = \mathrm{Im}[\dot{V}_r \dot{I}_L'^*] = \frac{V_sV_r\cos\delta_{sr} - V_r^2}{X} \qquad (2-14)$$

DPFC 的基本原理就是向受控线路注入一个幅值和相角可控的电压，从而改变线路阻抗参数，实现系统控制。含 DPFC 的电力系统等效电路如图 2-3 所示。图中，$\dot{V}_{sei}$ 为第 i 个 DPFC 子单元输出电压，对应输出电压相角 δ_{sei} 为 $\theta_I \pm 90°$。

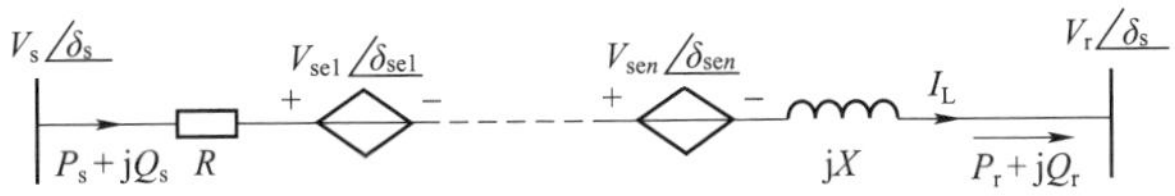

图 2-3　含 DPFC 的电力系统等效电路

当输出电压相角 δ_{sei} 为 $\theta_I + 90°$ 时，第 i 个 DPFC 子单元工作在感性工作模式；当输出电压相角 δ_{sei} 为 $\theta_I - 90°$ 时，第 i 个 DPFC 子单元工作在容性工作模式。通过控制 IGBT 开关开断，可实现两种工作模式的自由切换，从而实现对电网潮流的灵活控制。

令线路电流与末端电压的相角差为 $\theta = \delta_r - \theta_I$，DPFC 总输出电压为 $\dot{V}_{se} = \dot{V}_{se1} + \cdots + \dot{V}_{sen}$。忽略线路电阻，单个 DPFC 在不同工作模式下的补偿相量图如图 2-4 所示。

当 DPFC 工作在感性补偿模式时，注入电压 $\dot{V}_{se}$ 超前线路电流 90°，等效阻抗为正，线路电流减小，线路传输功率降低；当 DPFC 工作在容性补偿模式时，注入电压 $\dot{V}_{se}$ 滞后线路电流 90°，等效阻抗为负，线路电流升高，线路传输功率增加。

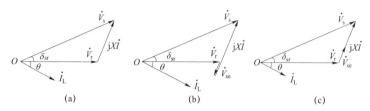

图 2-4 DPFC 不同工作模式下的补偿相量图
（a）无补偿；（b）容性补偿；（c）感性补偿

2.2 分布式潮流控制器的控制功能分析

2.2.1 DPFC 电流调控特性

运行方式改变与故障发生均会对线路电流产生影响，DPFC 可动态改变系统结构参数，从而实现对线路电流的控制，因此，DPFC 注入电压可表达为

$$\dot{V}_{se} = -jX_{se}\dot{I}_L \tag{2-15}$$

该式表明 DPFC 注入电压可等效为动态补偿电抗 X_{se}。

忽略线路电阻，受控线路的初始电流为

$$\dot{I}_{L0} = \frac{\dot{V}_s - \dot{V}_r}{jX} = \frac{V_s \sin\delta_{sr}}{X} - j\frac{V_s \cos\delta_{sr} - V_r}{X} \tag{2-16}$$

此时线路电流的幅值为

$$I_{L0} = \frac{\sqrt{V_s^2 + V_r^2 - 2V_s V_r \cos\delta_{sr}}}{X} \tag{2-17}$$

当 DPFC 接入线路后，线路电流变为

$$\dot{I}_L = \frac{\dot{V}_s - \dot{V}_r - \dot{V}_{se}}{jX} = \frac{V_s \sin\delta_{sr} - V_{se}\cos\theta}{X} - j\frac{V_s \cos\delta_{sr} - V_r - V_{se}\sin\theta}{X} \tag{2-18}$$

结合图 2-4 三角关系整理后，得

$$\dot{I}_L = \left(\frac{V_s \sin\delta_{sr}}{X} - j\frac{V_s \cos\delta_{sr} - V_r}{X}\right)\left(1 - \frac{V_{se}}{\sqrt{V_s^2 + V_r^2 - 2V_s V_r \cos\delta_{sr}}}\right)$$

$$= \dot{I}_{L0}\left(1 - \frac{V_{se}}{\sqrt{V_s^2 + V_r^2 - 2V_s V_r \cos\delta_{sr}}}\right) \tag{2-19}$$

由上式可知，线路电流受 DPFC 注入电压 V_{se} 大小影响，当 DPFC 工作在容性补偿模式下时，V_{se} 为负，线路电流增大，输送功率增加；感性补偿时，V_{se} 为正，线路电流减小，输送功率减少。

2.2.2　DPFC 潮流调控特性

线路上的 DPFC 可等效为由一系列可控电压源串联组成的等效模型，具体如图 2−5所示。

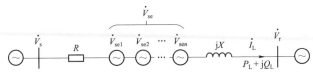

图 2−5　DPFC 受控源等效模型

线路末端视在功率为

$$S = \dot{V}_r \dot{I}_L^* = \dot{V}_r \left(\frac{\dot{V}_s - \dot{V}_r}{R + \mathrm{j}X} \right)^* \qquad (2-20)$$

投入 DPFC 后，线路首端功率和末端功率为

$$S_s = \dot{V}_s \dot{I}_L^* = \left(\frac{V_s V_r \sin\delta_{sr}}{X} + \mathrm{j}\frac{V_s^2 - V_s V_r \cos\delta_{sr}}{X} \right)\left(1 \pm \frac{V_{se}}{\sqrt{V_s^2 + V_r^2 - 2V_s V_r \cos\delta_{sr}}} \right) \qquad (2-21)$$

$$S_r = \dot{V}_r \dot{I}_L^* = \left(\frac{V_s V_r \sin\delta_{sr}}{X} + \mathrm{j}\frac{V_s V_r \cos\delta_{sr} - V_r^2}{X} \right)\left(1 \pm \frac{V_{se}}{\sqrt{V_s^2 + V_r^2 - 2V_s V_r \cos\delta_{sr}}} \right) \qquad (2-22)$$

线路首、末端的有功功率和无功功率为

$$P_s = P_r = \frac{V_s V_r \sin\delta_{sr}}{X}\left(1 \pm \frac{V_{se}}{\sqrt{V_s^2 + V_r^2 - 2V_s V_r \cos\delta_{sr}}} \right) \qquad (2-23)$$

$$Q_s = \frac{V_s^2 - V_s V_r \cos\delta_{sr}}{X}\left(1 \pm \frac{V_{se}}{\sqrt{V_s^2 + V_r^2 - 2V_s V_r \cos\delta_{sr}}} \right) \qquad (2-24)$$

$$Q_r = \frac{V_s V_r \cos\delta_{sr} - V_r^2}{X}\left(1 \pm \frac{V_{se}}{\sqrt{V_s^2 + V_r^2 - 2V_s V_r \cos\delta_{sr}}} \right) \qquad (2-25)$$

投入 DPFC 后线路有功功率和首末端的无功功率变化量为

$$\Delta P = \pm \frac{V_s V_r \sin\delta_{sr}}{X} \cdot \frac{V_{se}}{\sqrt{V_s^2 + V_r^2 - 2V_s V_r \cos\delta_{sr}}} \qquad (2-26)$$

$$\Delta Q_s = \frac{V_s^2 - V_s V_r \cos\delta_{sr}}{X} \cdot \frac{V_{se}}{\sqrt{V_s^2 + V_r^2 - 2V_s V_r \cos\delta_{sr}}} \qquad (2-27)$$

$$\Delta Q_{r} = \frac{V_s V_r \cos \delta_{se} - V_r^2}{X} \cdot \frac{V_{se}}{\sqrt{V_s^2 + V_r^2 - 2V_s V_r \cos \delta_{se}}} \qquad （2-28）$$

此时，受控系统首、末端的无功功率之差为

$$Q_{sr} = Q_s - Q_r = \frac{V_s^2 + V_r^2 - 2V_s V_r \cos \delta_{sr}}{X}\left(1 \pm \frac{V_{se}}{\sqrt{V_s^2 + V_r^2 - 2V_s V_r \cos \delta_{sr}}}\right) \qquad （2-29）$$

受控线路等效阻抗的无功功率损耗为

$$Q_{X} = X|I|^2 = \frac{V_s^2 + V_r^2 - 2V_s V_r \cos \delta_{sr}}{X}\left(1 \pm \frac{V_{se}}{\sqrt{V_s^2 + V_r^2 - 2V_s V_r \cos \delta_{sr}}}\right)^2$$

$$= \frac{V_s^2 + V_r^2 - 2V_s V_r \cos \delta_{sr}}{X}\left(1 \pm \frac{2V_{se}}{\sqrt{V_s^2 + V_r^2 - 2V_s V_r \cos \delta_{sr}}} + \frac{V_{se}^2}{V_s^2 + V_r^2 - 2V_s V_r \cos \delta_{sr}}\right)$$

$$（2-30）$$

DPFC 注入系统的无功功率为

$$Q_{se} = Q_{sr} - Q_X = -\frac{V_{se}}{X}\left(V_{se} \pm \sqrt{V_s^2 + V_r^2 - 2V_s V_r \cos \delta_{sr}}\right) \qquad （2-31）$$

因为 DPFC 在稳态工作时只能表现出感性与容性［容性时，式（2-23）与式（2-25）的符号为＋，感性时为－］，所以 DPFC 的控制自由度只能是线路有功功率潮流或无功功率潮流。同时，由于线路输送潮流的功率因数较高，一般只考虑对有功功率潮流的调节效果，因此，在 DPFC 运行在潮流调控模式时，通常以有功功率潮流作为控制目标，无功功率潮流则为随动变量，调节能力系数为线路有功功率潮流增量 ΔP 与 DPFC 注入系统的无功功率 Q_{se} 的比值。具体潮流调节特性图如图 2-6 所示。

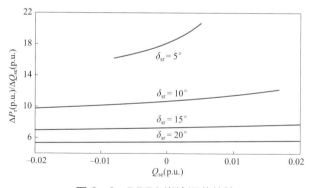

图 2-6　DPFC 潮流调节特性

图 2-6 中，不同 δ_{sr} 的大小对应的曲线表示不同初始潮流水平下的调节特性曲线。当 DPFC 注入电压 V_{se} 范围在 $-0.02 \sim 0.02$（p.u.）之间，注入无功 Q_{se} 范围在 $-0.02 \sim 0.02$

（p.u.）之间时，随着 δ_{sr} 的减小，DPFC 调节特性逐渐上升，表明线路初始潮流水平越小，DPFC 对潮流的撬动能力更强，当线路工作在重载状况时，DPFC 的潮流撬动能力趋于平稳。

2.2.3 DPFC 的阻抗特性

站在系统的角度研究 FACTS，通常会忽略 FACTS 的装置损耗，所以，在研究 DPFC 的阻抗特性时仅计及其电抗，而不计其电阻。

假如有 n 个 DPFC 子单元被安装在电力线路上，设 X_{sei} 为第 i（$i=1,2,\cdots,n$）个 DPFC 子单元输出的等效阻抗。沿着电力线路安装的 DPFC 系统可以等效为多个阻抗的串接模型，如图 2-7 所示。

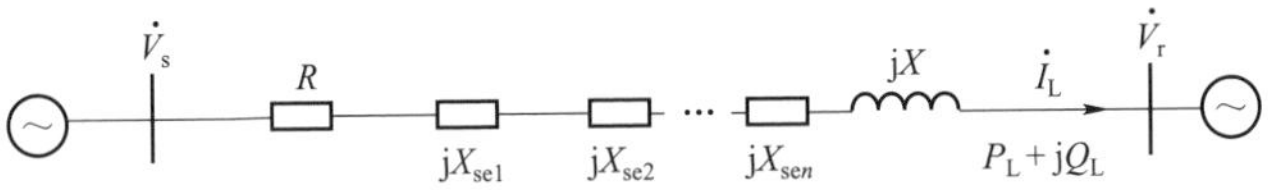

图 2-7 DPFC 阻抗等效模型

其中，X_{sei} 为第 i 个 DPFC 单元输出的等值阻抗，可得 DPFC 阻抗表达式为

$$X_{se} = \sum_{i=1}^{n} X_{sei} = \frac{\sum_{i=1}^{n} V_{sei} \angle (\theta_I \mp 90°)}{I_L \angle \theta_I} = \mp \frac{X}{\dfrac{\sqrt{V_s^2 + V_r^2 - 2V_s V_r \cos\delta_{sr}}}{V_{se}} \pm 1} \qquad (2-32)$$

当 DPFC 工作在无补偿工作模式时，$V_{sei} = 0$，此时等效输入阻抗 $X_{sei} = 0$。

当 DPFC 工作于容性状态时，等效阻抗公式为

$$X_{se} = -\frac{X}{\dfrac{\sqrt{V_s^2 + V_r^2 - 2V_s V_r \cos\delta_{sr}}}{V_{se}} + 1} \qquad (2-33)$$

此时，随着各 DPFC 注入电压幅值 V_{se} 的不断增大，等效阻抗会不断减小，且无限收敛于基波谐振点。

当 DPFC 工作在感性状态时，等效阻抗公式为

$$X_{se} = \frac{X}{\dfrac{\sqrt{V_s^2 + V_r^2 - 2V_s V_r \cos\delta_{sr}}}{V_{se}} - 1} \qquad (2-34)$$

此时，DPFC 等效阻抗与被控线路阻抗方向相同，且随着各 DPFC 单元注入电压幅值 V_{se} 的增加，感抗不断增加，直到 $V_{se} = V_s^2 + V_r^2 - 2V_s V_r \cos\delta_{sr}$，线路阻抗与 DPFC 等效阻抗趋向于正无穷大；$V_{se} > V_s^2 + V_r^2 - 2V_s V_r \cos\delta_{sr}$ 时，DPFC 等效阻抗由负无穷趋向于线路阻抗，最后使得线路阻抗趋向于 0。DPFC 的阻抗特性如图 2-8 所示。

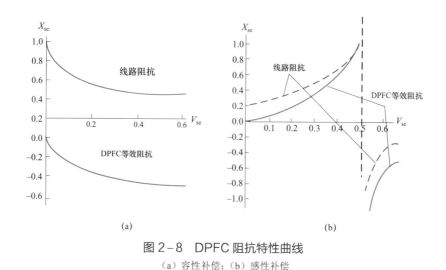

图 2-8 DPFC 阻抗特性曲线

（a）容性补偿；（b）感性补偿

实际应用中 $V_{se} < V_s^2 + V_r^2 - 2V_sV_r\cos\delta_{sr}$，且因为线路电流为 0 时无法为 V_{se} 提供参考相角，故无法保证所逆变电压相角与电流相角成 $90°$，所以，在感性补偿状态下，DPFC 等效阻抗不会出现趋向于正向无穷大、负向无穷大等情况。

2.3 分布式潮流控制器在电网中的优化配置

DPFC 在电网中的应用能够提高系统输电线路的功率传输能力，使得系统的潮流控制方式更为灵活可靠，并增强系统的阻尼和稳定性。DPFC 可以提高线路潮流输送能力、降低系统网损、均衡断面潮流、提高系统静态电压稳定性，但 DPFC 以不同的容量安装在电网不同的支路，对系统产生的影响及取得的效果不尽相同[5-7]。因此，本节将介绍 DPFC 在电网中的优化配置，主要是 DPFC 的选址定容。

2.3.1 DPFC 优化配置指标

FACTS 装置的优化配置一般需要综合考虑多个因素，主要包括断面潮流均衡性、系统网损、设备投资费用、系统输电能力、系统电压偏移及静态电压稳定性等因素。

1. 改变系统断面潮流均衡性

电网线路均衡度是指电网中输电线路负载率的分布情况，当前主要采用负载率平均值、标准差等指标进行电网潮流均衡性的评估。如式（2-35）和式（2-36）所示：

$$u_m = S_{Lm} / S_{LmN} \qquad m=1,2,\cdots,n \qquad (2-35)$$

$$\beta = \frac{1}{n}\sum_{m=1}^{n}u_m \qquad (2-36)$$

式中：u_m 为第 m 条输电线路负载率；S_{Lm} 和 S_{LmN} 为线路 m 的实际输送容量与最大输送容量；β 为平均负载率；n 为系统中输送总线路数。

当考虑不同线路因输送容量与负荷类型不同而引起的重要程度不同时，可赋予各线路不同的权重因子。

记 $\eta = [\eta_1, \eta_2, \cdots, \eta_n]$。若采用标准差 β_1 作为线路潮流均衡性指标，则有：

$$\beta_1 = \sqrt{\dfrac{\sum_{m=1}^{n} \eta_m (u_m - \beta)^2}{n}} \qquad (2-37)$$

此外，还可以采用改进加权潮流熵以区间负载率均值作为权重来分析潮流不均衡度[8]。设 $U = [0, \mu, 2\mu \cdots k\mu, (k+1)\mu \cdots, 100\%]$，将线路负载率均分为多个区间（过载线路均置于 $U = [100\%, +\infty]$ 区间中）。定义 L_k 为负载率处于 $[k\mu, (k+1)\mu]$ 的线路数，则线路负载率处于该区间的概率 $p(k)$ 为：

$$p(k) = L_k / n \qquad (2-38)$$

将 $[k\mu, (k+1)\mu]$ 区间的线路负载率均值 $\overline{\mu_k}$ 作为该区间潮流熵的权重，得到改进加权潮流熵 H_{Pw} 的表达式为：

$$H_{Pw} = -\sum_{n=0}^{1/u} \overline{\mu_k} \, p(k) \ln p(k) \qquad (2-39)$$

其中，$\overline{\mu_k} = \sum_{i=1}^{L_k} u_i \Big/ L_k$。

由式（2-39）可知，H_{Pw} 越小，则系统的潮流分布越为均衡；反之，H_{Pw} 值越大，则意味着电网潮流的均衡性越差。

2. 系统网损

系统总有功网损 P_{loss} 可以表示为[9]

$$P_{loss} = \sum_{i,j \in N} G_{ij}(U_i^2 + U_j^2 - 2U_i U_j \cos\theta_{ij}) \qquad (2-40)$$

式中：N 为系统节点集合；G_{ij} 为节点 i 与节点 j 之间的电导；θ_{ij} 为节点 i 与节点 j 电压相位差；U_i、U_j 分别为节点 i、j 的电压幅值。

3. 设备投资费用

DPFC 的投资费用包含装置一次建设费用、维修费用和运行损耗费用。一次建设费用表达式为[10]

$$C_1 = aS^2 + bS + c \qquad (2-41)$$

式中：S 为装置容量；a、b、c 为费用系数，与系统电压等级、单个装置容量等因素有关。

与 SSSC、UPFC 等集中式设备不同，DPFC 是分布式设备，因此其运维成本计算公

式与 SSSC 差别较大。第 k 个 DPFC 单元的维修费用可表示为[11]

$$C_{wk} = \sum_{D} \lambda_{ki} C_{wki} \qquad (2-42)$$

式中：$\boldsymbol{D}$ 为 DPFC 单个单元故障类型集合；λ_{ki} 是第 k 个单元发生 i 类故障的概率；C_{wki} 是第 k 个单元发生 i 类故障时的维修成本。

则 DPFC 的总维修成本 C_2 为

$$C_2 = \sum_{k=1}^{N_1} C_{wk} \qquad (2-43)$$

式中：N_1 为 DPFC 单元个数。

DPFC 的运行成本与其使用容量、投入子单元数量等因素有关。运行成本可近似为装置容量的一次函数，即

$$C_3 = \alpha S \qquad (2-44)$$

式中：α 为运行成本系数。

综上，DPFC 的总成本为

$$C = C_1 + C_2 + C_3 \qquad (2-45)$$

4. 输电能力

电力系统可用输电能力（Available Transfer Capability，ATC）衡量在满足电力系统安全约束的基础上，实际电力系统网络中剩余的、可用于商业使用的电能传输量。在分析整个系统的可用输电能力时，需充分考虑发电机出力与负荷的波动，系统潮流方程可表示为[12]

$$(1+\lambda_{Gi})P_{Gi} - (1+\lambda_{Li})P_{Li} - V_i \sum_{i\in N} V_j G_{ij} \cos\theta_{ij} = 0 \qquad (2-46)$$

$$Q_{Gi} - (1+\lambda_{Li})Q_{Li} - V_i \sum_{i\in N} V_j G_{ij} \sin\theta_{ij} = 0 \qquad (2-47)$$

式中：$i=1,2,\cdots,N$；λ_{Li} 为节点 i 的负荷增长系数；λ_{Gi} 为第 i 台发电机的出力增长系数；G_{ij} 和 θ_{ij} 分别为线路 $i-j$ 的导纳和功角；P_{Li}、Q_{Li} 分别为节点 i 的有功和无功功率；P_{Gi}、Q_{Gi} 分别为发电机的有功出力和无功出力。

系统的可用输电能力可表示为

$$J_{ATC} = \max\left(\sum(1+\lambda_{Li}P_{Li}) - P_0\right) \qquad (2-48)$$

式中：P_0 是基态潮流的有功负荷。

5. 系统电压偏移

若系统电压偏移过大，则对系统自身以及用电负荷均会造成不好的影响。以系统各节点电压偏移率平均值作为衡量指标[13]，则

$$\Delta U = \frac{1}{N} \sum_{i=1}^{N} \frac{k_i |U_i - U_{iref}|}{U_{iref}} \qquad (2-49)$$

式中：U_i 为第 i 个节点电压实际值；$U_{i\text{ref}}$ 为第 i 个节点电压额定值；k_i 是该节点的重要因子，由节点电压等级、相连节点数、负荷类型等因素决定。

6. 静态电压稳定性

系统静态电压稳定性可以采用潮流方程雅可比矩阵的最小奇异值来衡量，潮流方程的雅可比矩阵最小奇异值反映了当前电力系统接近电压崩溃的程度。记潮流矩阵为 $\boldsymbol{J}$，则

$$\begin{bmatrix} \Delta\boldsymbol{P} \\ \Delta\boldsymbol{Q} \end{bmatrix} = \boldsymbol{J} \begin{bmatrix} \Delta\theta \\ \Delta\boldsymbol{U}/\boldsymbol{U} \end{bmatrix} = \begin{bmatrix} \boldsymbol{H} & \boldsymbol{N} \\ \boldsymbol{M} & \boldsymbol{L} \end{bmatrix} \begin{bmatrix} \Delta\theta \\ \Delta\boldsymbol{U}/\boldsymbol{U} \end{bmatrix} \tag{2-50}$$

当 $j \neq i$ 时

$$\begin{cases} H_{ij} = \dfrac{\partial \Delta P_i}{\partial \theta_j} = -U_i U_j (G_{ij} \sin\theta_{ij} - B_{ij} \cos\theta_{ij}) \\[2mm] N_{ij} = \dfrac{\partial \Delta P_i}{\partial U_j} U_j = -U_i U_j (G_{ij} \cos\theta_{ij} + B_{ij} \sin\theta_{ij}) \\[2mm] M_{ij} = \dfrac{\partial \Delta Q_i}{\partial \theta_j} = U_i U_j (G_{ij} \cos\theta_{ij} + B_{ij} \sin\theta_{ij}) \\[2mm] L_{ij} = \dfrac{\partial \Delta Q_i}{\partial U_j} U_j = -U_i U_j (G_{ij} \sin\theta_{ij} - B_{ij} \cos\theta_{ij}) \end{cases} \tag{2-51}$$

当 $j = i$ 时

$$\begin{cases} H_{ii} = U_i^2 B_{ii} + Q_i \\ N_{ii} = -U_i^2 G_{ii} - P_i \\ M_{ii} = U_i^2 G_{ii} - P_i \\ L_{ii} = U_i^2 B_{ii} - Q_i \end{cases} \tag{2-52}$$

当 $\boldsymbol{J}$ 为奇异矩阵时，系统电压处于崩溃状态，当 $\boldsymbol{J}$ 为非奇异矩阵时，设 $\boldsymbol{T}$、$\boldsymbol{S}$ 分别为 $\boldsymbol{J}$ 的左、右特征向量矩阵，$\boldsymbol{\gamma}$ 为雅可比矩阵的特征值对角矩阵。则系统静态电压稳定性可表示为[15]

$$J_v = T\gamma S = \sum_{i=1}^{2N} \delta_i \boldsymbol{t}_i \boldsymbol{s}_i \tag{2-53}$$

δ_i 为 $\boldsymbol{J}$ 的第 i 个特征值，$\boldsymbol{t}_i$、$\boldsymbol{s}_i$ 分别为特征值 δ_i 对应的左、右特征向量。

2.3.2　选址定容约束条件

设 DPFC 装设在节点 s、r 之间，等式约束条件分别如式（2-54）和式（2-55）所示：

$$\begin{cases} P_{\text{D}i} = P_{\text{G}i} - e_i \sum_{j \in N} (G_{ij}e_j - B_{ij}f_j) - f_i \sum_{j \in N} (G_{ij}f_j + B_{ij}e_j) \\ Q_{\text{D}i} = Q_{\text{G}i} + e_i \sum_{j \in N} (G_{ij}f_j + B_{ij}e_j) - f_i \sum_{j \in N} (G_{ij}e_j - B_{ij}f_j) \end{cases} \quad (2\text{-}54)$$

$$\begin{cases} P_{\text{sr,se}k} = g_{\text{sr}}[U_{\text{se}k}^2 - U_{\text{r}}U_{\text{se}k}\sin(\theta_{\text{se}k} - \theta_{\text{r}})] - b_{\text{sr}}U_{\text{r}}U_{\text{se}k}\cos(\theta_{\text{se}k} - \theta_{\text{r}}) \\ Q_{\text{sr,se}k} = -b_{\text{sr}}[U_{\text{se}k}^2 - U_{\text{r}}U_{\text{se}k}\sin(\theta_{\text{se}k} - \theta_{\text{r}})] - g_{\text{sr}}U_{\text{r}}U_{\text{se}k}\cos(\theta_{\text{se}k} - \theta_{\text{r}}) \end{cases} \quad (2\text{-}55)$$

式中：$P_{\text{G}i}$、$Q_{\text{G}i}$ 分别为节点 i 的被控交流系统电源（包含被控交流系统的等效电源以及风电、光伏新能源发电）有功和无功出力；$P_{\text{D}i}$、$Q_{\text{D}i}$ 分别为节点 i 的有功和无功负荷；N 为系统节点编号集合。e_i、f_i 为节点 i 的电压实部与虚部；G_{ij}、B_{ij} 为系统节点导纳矩阵中支路 i、j 对应元素实部与虚部（$i \neq j$）。

同样可得到串联单元 k 在线路 r 端等效叠加的功率 $P_{\text{rs,se}k}$ 及 $Q_{\text{rs,se}k}$，其计算式如下：

$$\begin{cases} P_{\text{rs,se}k} = g_{\text{sr}}[U_{\text{se}k}^2 - U_{\text{s}}U_{\text{se}k}\sin(\theta_{\text{se}k} - \theta_{\text{s}})] + b_{\text{sr}}U_{\text{s}}U_{\text{se}k}\cos(\theta_{\text{se}k} - \theta_{\text{s}}) \\ Q_{\text{rs,se}k} = -b_{\text{sr}}[U_{\text{se}k}^2 - U_{\text{s}}U_{\text{se}k}\sin(\theta_{\text{se}k} - \theta_{\text{s}})] + g_{\text{sr}}U_{\text{s}}U_{\text{se}k}\cos(\theta_{\text{se}k} - \theta_{\text{s}}) \end{cases} \quad (2\text{-}56)$$

发电机出力、负荷、节点电压约束：

$$\begin{cases} P_{\text{G}i,\min} \leqslant P_{\text{G}i} \leqslant P_{\text{G}i,\max} , i \in G \\ Q_{\text{G}i,\min} \leqslant Q_{\text{G}i} \leqslant Q_{\text{G}i,\max} , i \in G \\ P_{\text{D}i,\min} \leqslant P_{\text{D}i} \leqslant P_{\text{D}i,\max} , i \in N \\ Q_{\text{D}i,\min} \leqslant Q_{\text{D}i} \leqslant Q_{\text{D}i,\max} , i \in N \\ U_{i,\min}^2 \leqslant e_i^2 + f_i^2 \leqslant U_{i,\max}^2 , i \in N \end{cases} \quad (2\text{-}57)$$

式中：$P_{\text{G}i,\min}$、$P_{\text{G}i,\max}$ 分别为节点 i 的电源有功出力的下限和上限；$Q_{\text{G}i,\min}$、$Q_{\text{G}i,\max}$ 分别为节点 i 的电源无功出力的下限和上限；$P_{\text{D}i,\min}$、$P_{\text{D}i,\max}$ 分别为节点 i 的有功负荷需求的下限和上限；$Q_{\text{D}i,\min}$、$Q_{\text{D}i,\max}$ 分别为节点 i 的无功负荷需求的下限和上限；$U_{i,\min}$、$U_{i,\max}$ 分别为节点 i 的电压幅值的下限和上限。

DPFC 安全运行约束为：

$$\begin{cases} U_{\text{se}k,\min}^2 \leqslant e_{\text{se}k}^2 + f_{\text{se}k}^2 \leqslant U_{\text{se}k,\max}^2 \\ P_{\text{sr,min}} \leqslant P_{\text{sr}} \leqslant P_{\text{sr,max}} \\ Q_{\text{sr,min}} \leqslant Q_{\text{sr}} \leqslant Q_{\text{sr,max}} \end{cases} \quad (2\text{-}58)$$

式中：$U_{\text{se}k,\min}$、$U_{\text{se}k,\max}$ 分别为串联单元 k 输出电压幅值的下限和上限；$P_{\text{sr,min}}$、$P_{\text{sr,max}}$ 分别为线路潮流可行域中有功功率的下限和上限；$Q_{\text{sr,min}}$、$Q_{\text{sr,max}}$ 分别为线路潮流可行域中无功功率的下限和上限。

上述是 DPFC 优化配置的基本约束条件，附加约束条件由实际优化目标决定。

2.3.3 DPFC 选址定容优化配置

DPFC 选址定容优化配置问题本质上可以将其看成一个多目标优化问题，即：

$$
\begin{cases}
\text{Minimize/Maxmize}[f(x)], \\
\text{subject to } g(x) \geqslant 0, \\
h(x) = 0,
\end{cases}
\tag{2-59}
$$

式中：x 是各优化目标；$f(x)$ 是目标函数；$g(x)$ 和 $h(x)$ 分别是不等式和等式约束。

目标函数的选取可采用模糊隶属度函数[15]。目前广泛采用的目标函数求解方法有半定规化法、粒子群算法、改进粒子群算法、灾变变速量子遗传算法、引力搜索算法、人工神经网络算法、差分进化算法等。

万有引力搜索算法（Gravitational Search Algorithm，GSA）[16]是伊朗的 Esmat Rashedi 教授提出的，该算法是基于牛顿万有引力定律和牛顿第二定律的一种元启发式智能优化算法，与粒子群算法相类似，通过种群的粒子位置移动来寻找最优解，但引力搜索算法无论是在粒子的迭代方向还是在更新速度方面都更具优势，且充分考虑当前粒子与全局最优解之间的距离[12]。各粒子的优劣完全由质量的大小来衡量，每个粒子的质量代表所优化问题的一个解，最大的粒子质量代表最佳解。粒子之间凭借万有引力相互作用，这种机制导致所有粒子都逐渐飞向质量最大的粒子，即全局最佳解[17]。主要步骤如下：

（1）输入电力系统网络参数。

（2）初始化种群大小 NG、最大迭代次数 T、DPFC 装置安装地点 L_i^0、DPFC 输出电压 V_{sei}^0、引力常量 G_0、∂ 等参数。$\boldsymbol{X}^0 = [\boldsymbol{L}^0, \boldsymbol{V}_{se}^0]$，其中 $\boldsymbol{L}^0 = [L_1^0, L_2^0, \cdots L_{N_G}^0]$，$\boldsymbol{V}_{se}^0 = [V_{se1}^0, L_{se2}^0, \cdots L_{seN_G}^0]$，迭代次数 $t = 0$。

（3）计算粒子适应度，取适应度最小值为群体最优点 f_{best}，对应粒子位置记作 X_{best}；适应度最大值为群体最劣点 f_{worst}，对应粒子位置记作 X_{worst}。

（4）更新引力常量。

$$
G(t) = G_0 \mathrm{e}^{-\partial \frac{t}{T}}
\tag{2-60}
$$

式中：t 为迭代次数；$G(t)$ 为 t 时刻引力常量。

（5）更新个体的质量。

t 时刻群体最优点与最劣点分别为 $b(t)$、$w(t)$，则

$$
\begin{cases}
b(t) = \min\limits_{j \in \{1,2,\cdots,n\}} f_j(t) \\
w(t) = \max\limits_{j \in \{1,2,\cdots,T\}} f_j(t)
\end{cases}
\tag{2-61}
$$

$f_i(t)$ 为 t 时刻第 i 个粒子的适应值的大小。粒子 i 在 t 时刻的粒子质量为

$$m_i(t) = [f_i(t) - w(t)] / [b(t) - w(t)] \tag{2-62}$$

对应的惯性质量为

$$M_i(t) = m_i(t) / \sum_{j=1}^{N_G} m_j(t) \tag{2-63}$$

（6）计算每个粒子在不同方向上的总引力。

t 时刻第 i 个粒子受到第 j 个粒子的万有引力为

$$F_{ij}^d(t) = \left[\frac{G(t)M_i(t)M_j(t)}{R_{ij}(t) + \varepsilon}\right]\left[X_i^d(t) - X_i^d(t)\right] \tag{2-64}$$

式中：$F_{ij}^d(t)$ 为粒子 j 对粒子 i 的引力；$R_{ij}(t)$ 为粒子 i 与粒子 j 的欧氏距离；ε 为一个值很小的常量；$X_i^d(t)$ 为 t 时刻粒子 i 在 d 维的位置；$d = 1, 2..., m$，m 为搜索空间维度，与优化目标量一致。

第 i 个粒子受到其他所有粒子的引力合力为

$$F_i^d(t) = \sum_{j=1, j \neq i}^{N} rand_j F_{ij}^d(t) \tag{2-65}$$

式中：$F_i^d(t)$ 为 t 时刻粒子 i 在 d 维所受力的大小；$rand_j$ 为随机数，在 $[0, 1]$ 之间。

（7）计算个体的加速度，基于此更新个体的速度。

根据牛顿第二定律，可得 t 时刻粒子 i 的加速度为

$$a_i^d = F_i^d(t) / M_i(t) \tag{2-66}$$

式中：$a_i^d(t)$ 表示在 t 时刻粒子 i 在 d 维的加速度。

对应更新后的粒子速度为

$$v_i^d(t+1) = rand_j v_i^d(t) + a_i^d(t) \tag{2-67}$$

$v_i^d(t)$、$v_i^d(t+1)$ 分别表示在 t 时刻、$t+1$ 时刻粒子 i 在 d 维的速度。

（8）根据速度更新个体在解空间中的位置。

更新后的粒子位置为

$$X_i^d(t+1) = X_i^d(t) + v_i^d(t+1) \tag{2-68}$$

（9）重复步骤（3）～（8）直到 $t \geq T$。

求解 DPFC 优化配置模型的流程如图 2-9 所示。

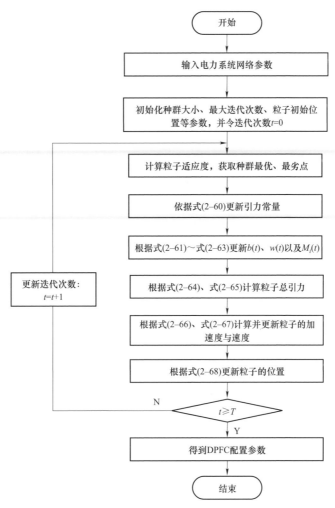

图2-9 求解DPFC优化配置模型流程图

参考文献

[1] Aminifar F，Fotuhi-Firuzabad M，Safdarian A，et al. Optimal distributed static series compensator placement for enhancing power system loadability and reliability [J]. IET Generation Transmission & Distribution，2015，9（11）：1043-1050.

[2] Amin A S，A B S，B A A.Modeling and unified tuning of distributed power flow controller for damping of power system oscillations [J]. Ain Shams Engineering Journal，2013，4（4）：775-782.

[3] 周路遥，邵先军，郭锋，等.分布式潮流控制器的工程应用综述[J].浙江电力，2020，39（9）：8-13.

[4] 汤奕，刘煜谦，宁佳，等.基于两阶段优化的分布式潮流控制器配置方法[J].电力系统自动化，2018，42（16）：141-147.

［5］ Ara A L，Kazemi A，Niaki S N.Multiobjective Optimal Location of FACTS Shunt-Series Controllers for Power System Operation Planning［J］. IEEE Transactions on Power Delivery，2012，27（2）：481－490.

［6］ Liu Bo，Wu Hongyu.Optimal D-FACTS placement in moving target defense against false data injection attacks［J］. IEEE Transactions on Smart Grid，2020，11（5）：4345－4357.

［7］ 钱峰，汤广福，贺之渊. 基于智能帕雷托解的 FACTS 装置多目标优化配置［J］. 中国电机工程学报，2010，30（22）：57－63.

［8］ 刘文颖，但扬清，朱艳伟，等. 复杂电网自组织临界态辨识物理指标研究［J］. 电工技术学报，2014，29（8）：274－280.

［9］ 赵渊，董力，谢开贵.FACTS 元件的可靠性成本/效益分析及其优化配置模型研究[J].电力系统保护与控制，2012，40（1）：107－114.

［10］ Dahej A E，Esmaeili S，Goroohi A. Multi-objective optimal location of SSSC and STATCOM achieved by fuzzy optimization strategy and harmony search algorithm ［J］. Scientia Iranica，2013，20（6）：2024－2035.

［11］ 王佳丽，唐飞，刘涤尘，等.分布式潮流控制器经济性评估方法与差异化规划研究[J].电网技术，2018，42（3）：918－926.

［12］ 上官海洋，向铁元，张巍，等.基于智能优化算法的FACTS 设备多目标优化配置[J].电网技术，2014，38（8）：2193－2199.

［13］ 赵坚鹏，宋洁莹，许建中，等. 静止同步串联补偿器的优化选址定容方法［J］. 电网技术，2017，41（6）：1941－1948.

［14］ 陈敏. 基于最小奇异值灵敏度的静态电压稳定分析与研究［D］.武汉：华中科技大学，2007.

［15］ 张巍，向铁元，陈红坤，等. 基于嵌套多目标粒子群算法的多类型柔性交流输电系统优化配置［J］. 高电压技术，2014，40（5）：1590－1598.

［16］ Esmat R，Hossein，Saeid S.GSA：A gravitational search algorithm［J］. Inform Sci，2009，179（13）：2232－2248.

［17］ Ali A，Mehdi A.A multi-objective gravitational search algorithm based approach of power system stability enhancement with UPFC［J］. Journal of Central South University，2013（6）：1536－1544.

③ 分布式潮流控制器的核心设备

DPFC 单元的核心设备包含换流器、机械旁路开关、晶闸管旁路开关、相变冷却系统、通信系统及取能回路。

3.1 换 流 器

DPFC 通过控制换流单元向系统注入与线路电流相位垂直的无功电压，调节该无功电压的大小和相位（超前或滞后于线路电流），即可实现对系统潮流的控制。

DPFC 的换流单元基于电压源型换流器，是 DPFC 的核心设备。下面以实际 DPFC 示范工程为例，给出换流器的主要部件说明以及其参数设计方法。

3.1.1 输入条件

（1）线路额定电流：1800A。

（2）交流输出电压：600V。

（3）散热方式：强迫风冷。

3.1.2 IGBT 器件选型

1. 电压等级选择

根据交流 600V 输出，可使用 1700V 电压等级 IGBT。

2. 电流等级选择

如单个 IGBT 器件能够满足 1800A 电流运行要求，尽量采用半桥结构的单只 IGBT 器件；如不满足要求，则可采用 2 个 IGBT 半桥模块的并联方式，从而降低单只 IGBT 结温。

（1）单模块方案。1700V 电压等级的 IGBT，其额定电流大于 1800A 的单管电流等级分别为 2400A、3600A。电流越大，通态损耗越小，对结温越有利。考虑一定的电流裕量，通过设置相关电气参数和散热边界条件，对 2400A 和 3600A 两种 IGBT 进行仿真计算，结果表明 3600A 的 IGBT 结温满足设计要求。

（2）双模块并联。双模块并联时应考虑均流问题和器件裕量，可选用 1400A 和 1800A 两种 IGBT 作为备选器件，如图 3-1 所示。通过设置相关电气参数和散热边界条件，对两种 IGBT 进行仿真计算,结果表明两种 IGBT 的结温均小于器件的最高耐受温度。对比两种 IGBT 的外观和驱动，二者不能兼容。综合考虑性价比等因素，选择 1400A 的 IGBT 作为最终方案。

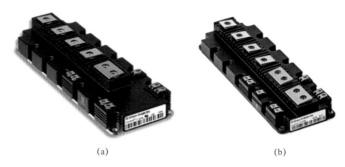

(a)　　　　　　　　　　　　　　　(b)

图 3-1　IGBT 外观图

（a）1400A/1700V IGBT 外观图；（b）1800A/1700V IGBT 外观图

3.1.3　双管 IGBT 并联驱动方案

1．PI 即插即用型驱动器

在使用该型号驱动器时,驱动接口线的长度应当小于 40cm,才能保证并联的一致性。整体连接方式如图 3-2 所示。

2．一个驱动核＋外围并联电路的方案

此驱动方案的优点是驱动核为一个，可用电信号或者光信号输入到驱动核的原边，驱动核的副边使用推挽电路以增强驱动能力，在绘制印制电路板时需重点考虑驱动核副边的电路走线来保障驱动信号的同步和一致性。

3．双并联专用驱动器

以某厂家一款单驱动核带两只 IGBT 并联的驱动板为例，如图 3-3 所示。

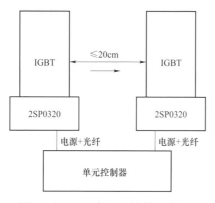

图 3-2　PI 即插即用连接示意图

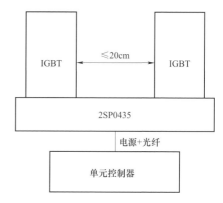

图 3-3　双并联专用驱动器回路

该驱动器主要特点及功能如下：

（1）只能驱动两个间距为 47mm 的 IGBT 并联。

（2）两通道两并联驱动，单通道 4W 输出功率，峰值电流为 ±30A。

（3）电源、PWM 信号以及故障信号均采用电气信号传输。

（4）具有有源钳位、短路保护、软关断保护功能。

（5）IGBT 并联时电流不均流度在 3% 以内。

3.1.4　直流支撑电容选型

功率单元交流侧瞬时功率在直流侧电容上表现为直流电压二倍频波动。交流侧功率的倍频分量可表示为

$$P_{2\omega} = S_m \cos(2\omega t + \varphi) \tag{3-1}$$

直流侧电容电压可表示为

$$v_d = V_d + \Delta V_d \sin(2\omega t + \beta) \tag{3-2}$$

直流侧功率的倍频分量可表示为

$$\Delta P_d = v_d C_d \frac{dv_d}{dt} \approx 2\omega C_d \Delta V_d V_d \cos(2\omega t + \beta) \tag{3-3}$$

根据瞬时功率守恒，则

$$\Delta P_d = P_{2\omega} \tag{3-4}$$

$$\beta = \varphi \tag{3-5}$$

综上，直流支撑电容的容值为：

$$C = \frac{S_m}{2\omega \lambda \bar{U}^2} \tag{3-6}$$

式中：ω 指交流侧角频率；λ 指直流支撑电容的纹波系数，介于 0.05～0.1 之间；$\bar{U}$ 指直流侧支撑电容电压的直流分量；S_m 为功率模块的额定容量。

结合 IGBT 的电压等级选择，直流支撑电容的电压常选用 1200V。另外，所选用的电容器需耐受相应的纹波电流，并且每只电容器通流能力留有一定的安全裕量。

3.2　机 械 旁 路 开 关

3.2.1　机械旁路开关选型

DPFC 功率模块依靠双向旁路晶闸管和机械旁路开关实现快速故障保护。其中，机械旁路开关的作用是模块正常退出时将模块内部电路旁路，另当子模块内部发生故障需要旁路时，快速旁路达到保护电力电子设备的目的。旁路开关电气结构如图 3-4 所示。

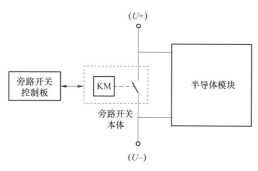

图 3-4 旁路开关电气结构

旁路开关的主要特点是：① 与旁路晶闸管配合使用，实现单个模块的旁路保护，防止双向晶闸管长期通流导致过热损坏；② 能够分断和长期承受所在线路的负载电流，且能够关合并短时承受线路短路电流。

目前，中低压电力领域应用最多的旁路开关是真空开关，其具有体积小、寿命长、维护费用低、运行可靠和无污染等优点。真空触头的分、合动作是靠操动机构来带动的，真空开关常用的操动机构有电磁操动机构、弹簧操动机构、永磁操动机构等。

1. 电磁操动机构

电磁操动机构是技术比较成熟、使用较早的一种断路器操动机构，它通过合闸线圈中电流产生的电磁力来驱动合闸铁芯，撞击合闸连杆机构进行合闸。其合闸能量的大小取决于合闸电流的大小，因此需要很大的合闸电流。

2. 弹簧操动机构

弹簧操动机构由弹簧贮能、合闸维持、分闸维持、分闸四部分组成，零部件数量较多，利用机构内弹簧拉伸和收缩所储存的能量进行断路器合、分闸控制操作。弹簧能量的储存通过储能电机减速机构的运行来实现，而断路器的合、分闸动作通过合、分闸线圈来控制，因此断路器合、分闸操作的能量取决于弹簧储存的能量，与电磁力的大小无关，不需太大的合、分闸电流。

3. 永磁操动机构

永磁操动机构由永久磁铁和电磁线圈组成，结构简单，零部件很少，工作时主要运动部件只有一个，具有很高的可靠性。它利用永久磁铁进行断路器位置保持，是一种电磁操动、永磁保持、电子控制的操动机构。

以上三种操动机构优缺点对比如表 3-1 所示。

表 3-1 旁路开关常用操动机构对比

操动机构类型	优点	缺点
电磁操动机构	1）结构比较简单，工作比较可靠，制造容易，生产成本较低； 2）可实现遥控操作和自动重合闸； 3）有较好的合、分闸速度特性	1）合闸电流大，合闸线圈消耗的功率大，需要配备大功率的直流操作电源； 2）合闸电流大，一般的辅助开关、继电器触点不能满足要求，必须配备专门的直流接触器，利用直流接触器带消弧线圈的触点来控制合闸电流，从而控制合、分闸线圈动作； 3）操动机构动作速度低，触头的压力小，容易引起触头跳动，合闸时间长，电源电压变动对合闸速度影响大； 4）耗费材料多，机构笨重； 5）电磁机构不适合需要在线取能的运行工况，只适合外部供电单独控制的场合

操动机构类型	优点	缺点
弹簧操动机构	1）合、分闸电流不大，不需要大功率的操作电源； 2）既可远方电动储能，电动合、分闸，也可就地手动储能，手动合、分闸； 3）合、分闸动作速度快，不受电源电压变动的影响，且能快速自动重合闸； 4）储能电机功率小，交直流两用； 5）操动机构为通用设计，不同开断电流断路器选用不同储能弹簧即可，性价比优	1）结构较复杂，制造工艺复杂，加工精度要求高，制造成本比较高； 2）操作冲力大，对结构件强度要求高； 3）容易发生机械故障而使操动机构拒动，烧毁合闸线圈或行程开关； 4）存在误跳现象，有时误跳后分闸不到位，无法判断其合分位置
永磁操动机构	1）永久磁铁辅助分、合闸后期操作，分、合闸能量需求小； 2）取代传统的机械锁扣方式，机械结构大为简化，成本低，故障点减少，提高了机械动作的可靠性，能够实现免维护，节省维护费用； 3）永磁操动机构永磁力几乎不会消失，以电磁力进行分合闸操作，以永磁力进行双稳态位置保持，降低了操动机构的能耗和噪声； 4）机构动作一致性高； 5）可实现就地/远方分闸操作，也可手动操动。采用电容器作跳合闸的直接电源，停电后仍能对断路器进行分合闸操作	在操作电源消失、电容器电量耗尽以后，若不能对电容器进行充电，则无法再进行合闸操作

综上，永磁操动机构配合真空灭弧室是中低压旁路开关的最佳选择。

3.2.2 机械旁路开关设计

DPFC 旁路开关主要由开关本体及控制板组成。旁路开关本体包括连接母排、真空灭弧室、传动机构、操动机构和微动开关等。旁路开关控制板通过光纤接收上层控制器的合、分闸动作指令，触发开关操动机构的储能器件进行放电，完成开关本体的动作，并回报旁路开关工作状态。旁路开关控制板包括电源电路、储能电容、电容充/放电电路、光电转换电路等。

3.2.2.1 机械旁路开关主要技术参数

DPFC 功率模块直接串接在高压交流输电线路上，长期在电网中使用时应与其他电力设备一样，能够耐受各种电压、电流的作用而不发生损坏。

1. 电压方面

一般高压开关在规定的正常使用和性能条件下，能够连续运行的最高电压称为高压开关的额定电压。根据 GB 1984—2014《交流高压断路器》的规定，高压开关的额定电压分为 3.6、7.2、12、40.5、72.5、126、252、363、550kV。

断路器工作时还应耐受高于额定电压的各种过电压作用，而不会导致绝缘的损坏。表示这方面性能的参数有工频耐受电压、雷电冲击耐受电压和操作冲击耐受电压。由于 DPFC 并联于全桥 IGBT 模块两端，模块额定电压一般小于 1kV。国内中压开关的额定电压一般有 1.14kV 与 3.6kV。

2. 电流方面

开关长期通过工作电流时，各部分的温度不得超过允许值，以保证断路器的工作可靠。因此，DPFC 旁路开关额定电流应大于等于输电线路的额定电流。

3. 开断能力需求

由于 DPFC 旁路开关只用于 IGBT 模块的故障旁路，因此，不需要开断故障电流。

4. 电流耐受能力需求

DPFC 旁路开关在关合位置，需能够耐受系统短路电流，且不能因电动力受到损坏。各部分温度也不应超过短时工作的允许值，触头不应发生熔焊和损坏。

5. 关合能力需求

当输电线路发生短路故障时，DPFC 旁路开关应能可靠关合，防止 IGBT 模块过流损坏。然而，在关合短路电流时，会对断路器的关合造成很大的阻力，这是由于短路电流产生的电动力造成的。有的情况下，甚至出现动触头合不到底的情况，此时在触头间形成持续电弧，造成断路器的严重损坏甚至爆炸。为了避免出现上述情况，断路器应具有足够的关合短路故障的能力，表示这一能力的参数是断路器的额定短路关合电流。额定短路关合电流是指断路器在额定电压以及规定的使用和性能条件下，能保证正常关合的最大短路峰值电流。针对 220kV 交流输电系统，额定短路关合电流峰值为 125kA。

6. 快速自动重投需求

架空输电线路短路故障大多数是雷害、鸟害等临时性故障，因此，为了提高 DPFC 补偿装置的灵活性，需要旁路开关具备故障旁路且快速打开的能力，即：输电线路发生短路故障时，根据过流保护发出的信号，旁路开关快速旁路；然后，很短时间又自动打开，DPFC 装置重新投入；投入后，如故障并未清除，旁路开关应再次合闸。上述操作顺序称为 DPFC 旁路开关的快速自动重投，顺序可写为 C—t—O—C。间隔时间 t 应考虑线路交流断路器的保护时间，一般由设计供应商与用户讨论明确。

旁路开关主要技术参数如表 3-2 所示。

表 3-2　　　　　　　　旁路开关主要技术参数

项目	技术要求	备注
极数	单极	
灭弧室介质类型	真空	
额定工作电压	1.14kV/3.6kV	有效值
绝缘水平	AC 5kV/1min	灭弧室断口的绝缘，要求泄漏电流小于 1mA，无飞弧击穿
额定工作电流（AC）	线路额定电流 I_N	
30min 过负荷电流	1.1 I_N	
额定工作电流频率	50Hz	

续表

项目	技术要求	备注
关合电流峰值	I_{pm}	常规 220kV 输电线路，关合电流峰值为 125kA
回路电阻（AC）	≤15μΩ	合闸状态
温升	≤50K	通 2200A 电流，达到热平衡
灭弧室断口开距	≥1.5mm	分闸状态
超程	≥1mm	
合闸时间	<5ms	从晶闸管触发到主触点闭合，一致性为±0.2ms
合闸弹跳时间	<2ms	从主触点第一次弹开到主触点状态稳定
分闸时间	<20ms	从晶闸管触发到分闸到位，一致性为±1ms
设计寿命	>40 年	
机械寿命	>5000 次	
掉电闭合能力	自身控制电源掉电后，开关能自动合闸，且可靠保持	
开关材料	UL94V−0 阻燃等级	

3.2.2.2 机械旁路开关本体设计

如图 3−5 所示，永磁操动机构结构上一般包含合/分闸电磁线圈、动铁芯、永磁体、弹簧、磁轭、外壳等。外部控制电路一般包含储能电容、晶闸管（或 IGBT）、续流二极管等。在外部放电控制电路的驱动下，永磁机构动铁芯在电磁线圈和永磁体磁场的作用下，带动真空灭弧室实现断路器（或接触器）的分、合闸操作。

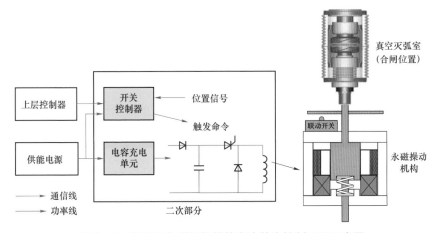

图 3−5　单线圈永磁机构储能电容放电控制原理示意图

单线圈永磁操动机构通过改变内部电磁线圈放电电流方向及线圈磁场方向，与永磁体磁场配合，进而改变动铁芯的受力方向，通过机械连杆带动真空灭弧室完成分、合闸操作。

关合能力的特殊设计：考虑线路发生最严苛故障短路工况，DPFC 旁路开关关合瞬间，故障电流将从旁路晶闸管瞬间转移至旁路开关，即旁路开关需具备关合线路故障电流峰值的能力。而常规工程用旁路开关合闸保持力小（一般合闸保持力 1000N），其真空灭弧室和操动机构不具备关合高压交流线路故障峰值电流的能力。因此，为保证旁路开关可靠关合短路电流，一般设计开关的合闸保持力应大于 2500N。

3.2.2.3 机械旁路开关控制器设计

旁路开关控制板电路功能简图如图 3-6 所示，各功能电路分布于板卡各处，包括但不限于以下基本功能：

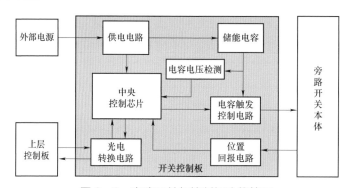

图 3-6 旁路开关与控制板功能简图

1. 供电电路

旁路开关控制板前级通过工频磁环取能，为板卡及储能电容器提供可靠的电源。

2. 光电转换电路

采用光收发通信模块与上层控制单元连接，接收上层控制器的动作指令，并有效回报旁路开关工作状态。具备抗强电磁干扰的能力，有效隔离设备之间的串扰。

3. 中央控制芯片

通过控制芯片解析上层控制单元的通信内容，完成对电容放电回路的控制，并实时采集储能电容电压，回报电容的储能状态。

4. 触发控制电路

响应上层控制单元的分、合闸控制指令，控制晶闸管电容放电电路，进而驱动旁路开关本体动作。

5. 位置回报电路

通过与旁路开关本体联动的微动开关反映开关的实际位置。

6. 电容电压监视电路

旁路开关采用电容器放电方式驱动，电容器电压直接影响开关能否正常动作，所以电容器电压监视电路需有效采集或反映电容器的储能状态。

7. C-O-C 功能设计

旁路开关的 C-O-C 功能，可通过两种方法实现：① 通过配置多组分、合闸电容；② 通过控制电容每次动作的放电量，此时触发控制回路应使用可关断器件，比如 IGBT。

8. 开关常闭功能设计

旁路开关常闭功能是指当开关控制系统发生掉电、通信中断等故障时，旁路开关应可靠旁路，保证 IGBT 不受损坏。常见的故障如表 3-3 所示。

表 3-3 旁路开关控制系统常见故障

序号	常见故障	设计方案
1	旁路开关控制板掉电	开关控制板实时检测电源电压，当检测到电源掉电后，自旁路，并闭锁 IGBT
2	开关控制板至上层控制器上行通信中断	上层控制器实时检测通信，通信中断则下发旁路指令，并闭锁 IGBT
3	上层控制器至开关控制板下行通信中断	开关控制板与上层控制器实时通信，通信中断则自旁路，并闭锁 IGBT
4	开关储能电容故障	开关控制板检测储能电容电压，检测电容掉电，则自旁路，并闭锁 IGBT
5	通信中断或校验错误	控制板与上层控制器实时通信，通信中断则自旁路，并闭锁 IGBT

3.2.3 机械旁路开关试验

DPFC 旁路开关主要性能试验及合格判据如表 3-4～表 3-6 所示。

表 3-4 旁路开关本体试验项目

序号	试验项目	试验内容	合格判据
1	外观检查	目测检查旁路开关的表面涂层、标志、标识码、开口密封处、引出导线、母排是否有可见损伤	检查部位均无可见损伤
2	间距测试	分别测试灭弧室断口开距和开关超行程距离，记录数据	灭弧室断口开距大于等于 1.5mm，超程大于等于 1mm
3	回路电阻测试	旁路开关处于合闸状态，测试电流大于等于 100A，记录数据	回路电阻小于等于 15μΩ
4	回报触点电阻测试	1）微动开关处于闭合状态，测量微动开关引出线两端的电阻； 2）每个微动开关测量 3 次，记录数据	回报触点电阻小于 1Ω，3 次测量偏差小于 0.1Ω
5	绝缘耐压试验	1）在分闸状态下对真空灭弧室两端施加工频电压 5kV（交流有效值），时间为 1min； 2）分别对合、分闸线圈与操动机构之间施加工频电压 2kV（交流有效值），时间为 1min	1）试验过程中，被试品内部或外部无绝缘闪络、击穿或任何破坏性放电现象发生； 2）漏电流小于 1mA，记录数据
6	匝间绝缘试验	按照 JBT 5811—2007 实验内容：分别在合、分闸线圈两端加 2kV 峰值 0.2/1.2μs 冲击电压波形	波形符合要求，线圈无绝缘闪络、击穿或任何破坏性放电现象发生

续表

序号	试验项目	试验内容	合格判据
7	动作特性测试	1）旁路开关在分闸状态，触发开关合闸，测量开关的合闸时间、弹跳时间和回报时间； 2）旁路开关在合闸状态，触发开关分闸，测量开关的分闸时间和回报时间； 3）进行3次分、合闸试验，记录数据	1）最大合闸时间小于5ms，误差一致性±0.2ms，最大弹跳时间小于2ms，最大回报时间小于10ms，开关可靠稳定合闸； 2）最大分闸时间小于20ms，误差一致性±1ms，最大回报时间小于10ms，开关可靠稳定分闸
8	控制电压测试	控制电压为90%、110%额定电压，进行旁路开关分、合闸试验	旁路开关均能在规定的分、合闸时间±0.2ms内可靠稳定分、合闸，有明确的数据记录
9	低容值动作测试	储能电容为75%容值，进行分、合闸测试	旁路开关可靠稳定分、合闸，有明确的数据记录
10	压力测试	1）分别测试开关的分闸保持力及主触头工作压力； 2）连续测量3次，记录数据	取3次测量平均值并记录
11	温升试验	1）环境温度10~40℃，试验单相工频电流2200A； 2）开关合闸状态，母排通2200A工频电流，持续4h后达到热平衡	1）开关外壳及框架表面温升值小于等于30K； 2）母排最大温升小于等于50K； 3）试验后回路电阻小于等于15μΩ
12	机械寿命试验	对开关进行5000次电动合分闸测试，开关的任何部件均不会发生故障	1）开关外观和内部元件无任何损伤、松动和变形； 2）无自动合、分闸现象； 3）开关各项指标正常
13	振动（正弦）试验	1）样品分别处于合闸状态和分闸状态； 2）频率范围：10~150Hz；加速度2g，持续时间30min，每个方向20次； 3）频率容差：±2%	1）开关外观和内部元件无任何损伤、松动和变形； 2）无自动合、分闸现象； 3）开关各项指标正常
14	冲击试验	1）开关处于合闸状态； 2）试验波形：后峰锯齿半正弦梯形； 3）加速度15g，作用时间11ms，3个垂直方向的每一方向连续施加3次冲击，共18次	1）开关外观和内部元件无任何损伤、松动和变形； 2）无自动分闸现象； 3）开关各项指标正常
15	碰撞试验	1）开关处于合闸状态； 2）试验波形：半正弦波1m/s； 3）加速度10g，作用时间16ms，6个方向，每个方向上1000次	1）开关外观和内部元件无任何损伤、松动和变形； 2）无自动分闸现象； 3）开关各项指标正常
16	温度变化	按照GB 2423.22—2002 Nb试验内容： 1）温度变化范围–40~60℃，5℃/min，驻留时间3h，执行2个循环； 2）温度容差±2℃	1）开关外观和内部元件无任何损伤、松动和变形； 2）开关各项指标正常
17	盐雾	按照GB 2423.17—1993 Ka试验内容： 1）盐雾浓度5%，温度35℃，喷雾量1~2mL/（h·80cm²），保持时间24h； 2）容差：盐雾±1%，温度±2℃	1）开关外观和内部元件无任何损伤、松动和变形； 2）开关各项指标正常

表 3-5 旁路开关控制板试验项目

序号	试验项目	试验方法和要求
1	静电放电抗扰度试验	接触放电：试验等级强度 4，试验电压 8kV； 空气放电：试验等级强度 4，试验电压 15kV
2	射频电磁场辐射抗扰度试验	频率范围 80～2000MHz，试验强度为 3 级，强度为 10V/m，在这一频段区间内逐一频点进行测试，扫描步长不超过前一频率的 1%，每个频点的试验时间为 0.2s
3	射频场感应传导骚扰抗扰度试验	频率范围 150kHz～80MHz，开路试验电平 10V，对控制板电源输入端和回报节点 Z+、Z-端施加传导骚扰
4	电快速瞬变脉冲群抗扰度试验	等级强度 4 级，电压峰值 4kV，5kHz 和 100kHz，对控制板电源输入端加传导骚扰
5	浪涌冲击抗扰度试验	等级强度 4，差模电压峰值 2kV，对控制板的电源输入端加浪涌冲击
6	工频磁场抗扰度试验	稳定持续磁场试验：等级强度 5，磁场强度 100A/m，试验时间 60s； 短时持续磁场试验：等级强度 5，磁场强度 1000A/m，试验时间 3s，3 个轴向
7	脉冲电磁场抗扰度试验	脉冲磁场试验等级：5 级； 上升时间为 6.4（1±30%）μs，持续时间为 16μs±30%，脉冲磁场强度±1000A/m，3 个轴向
8	阻尼振荡磁场抗扰度试验	试验等级为 5 级，阻尼振荡磁场强度为 100A/m（峰值），100kHz 和 1MHz，持续时间 2s 或者持续运行，3 个轴向
9	电磁发射试验	进行辐射发射和传导发射限值试验，发射限值不得超过标准规定的限值

表 3-6 环 境 试 验 项 目

序号	试验项目	试验方法和要求
1	高温试验	规定的条件如下：55℃，带电测试 16h
2	低温试验	规定的条件如下：-40℃，带电测试 16h
3	温度循环试验	高低温箱中的空气温度从热到冷或从冷到热的温变速率为 1℃/min，且最后半个循环必须是从高温到室温。具体条件如下： 工作环境条件：温度变化范围 -40～55℃，1℃/min，高低温极限下各停留 30min，执行 5 个循环
4	交变湿热试验	在温度为 40℃、相对湿度为 95% 的试验条件下，试验时间 144h
5	盐雾	盐雾浓度 5%±1%，温度 35±2℃，喷雾量为 1～2mL/（h·80cm²），保持 24h
6	振动	常规试验：频率范围 10～150Hz，幅值范围 0.25mm（2g 加速度），时间为 30min（说明：在全频率范围内保证 2g 加速度，在低频时振幅将偏大）

3.3 晶闸管旁路开关

3.3.1 设备组成

晶闸管旁路阀是 DPFC 装置的核心部件，主要组成设备为晶闸管、阻尼回路、饱和电抗器及触发监测板，DPFC 晶闸管旁路阀电气接线示意图如图 3-7 所示。

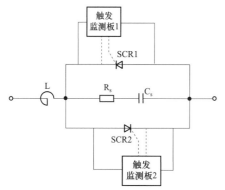

图 3-7 DPFC 晶闸管旁路阀电气接线示意图

各元件主要功能如下：

（1）晶闸管元件。晶闸管（SCR1、SCR2）的主要功能是起到开关的作用，采用全开通和阻断两种运行状态的控制方式，不进行相控调节。为了降低损耗和设备成本，晶闸管阀只在投切过程中起到快速开关的作用，短时通过大电流，随后机械开关导通，大电流转向机械开关回路。因此，晶闸管设计一般采用自然冷却方式，不需要强迫风冷或者水冷系统。根据不同系统条件，晶闸管 SCR1、SCR2 可分别采用多只并联方式以提高通流能力。

（2）阻尼回路。并联在晶闸管阀上的电阻电容串联电路（R_s、C_s）也称为吸收回路，其作用是利用电容器两端电压不能突变的原理，降低晶闸管两端电压变化率 du/dt。

（3）限流电抗器。采用饱和式电抗器，串联于晶闸管阀回路，限制晶闸管开通的电流变化率 di/dt；在陡波头电压浪涌时，限制阀上的电压变化率 du/dt。

（4）阀触发监测板。晶闸管元件是由处于地电位控制电路产生的控制信号来触发的，高低电位之间通常采用光纤来对信号传输进行隔离。阀触发监测板的主要功能是逻辑控制、触发信号放大、实时监控晶闸管状态和自身的状态并将状态信号转换为光信号送到单元控制板。

3.3.2 运行工况

DPFC 旁路阀一个典型工作周期的电压、电流波形如图 3-8 所示。从图中可以看出 DPFC 旁路阀有三种状态，其电压、电流应力分析如下：

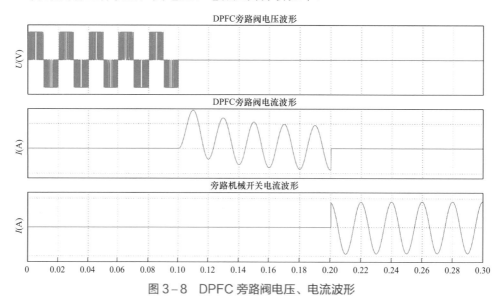

图 3-8 DPFC 旁路阀电压、电流波形

（1）阻断状态。旁路阀承受 DPFC 功率模块输出的电压应力，幅值为直流电压最大值，波形为单极性 CPS-PWM 调制波。

（2）短时导通状态。流过幅值较大和持续时间较长的故障电流，阀端电压几乎为零。由于 DPFC 旁路阀通过的电流持续时间较短，通过晶闸管阀本身消耗的能量来不及与周围环境进行热交换，完全靠晶闸管及其散热器本身的热容吸收，因此可以看成是一个绝热过程。根据晶闸管和散热器的暂态热模型、热阻抗模型，以及晶闸管通态特性建立起来的晶闸管暂态耗散功率模型，进行数字仿真，将晶闸管阀的结温设计控制在合理的范围之内。

（3）机械开关旁路状态。晶闸管电流转移至机械开关后，电流应力迅速降至零，不再承受电气应力。

3.3.3 阀电气应力分析

3.3.3.1 开通应力

晶闸管阀的开通应力主要考虑开通过程中的电流上升率，即开通电流变化率 $\mathrm{d}i/\mathrm{d}t$。这是因为当晶闸管被触发时，首先开通的仅有靠近门极的部分区域，随着导通区等离子体的扩展，晶闸管的其余部分才转入完全导通状态。如果晶闸管开通电流上升的速度超过开通区域扩散的速度，那么开通区域就会因为过高的电流密度而引起晶闸管结温的快速上升，最危险的情况将会烧毁晶闸管。晶闸管阀开通电流由两方面因素确定，即主回路电感决定的电流变化率 $\mathrm{d}i/\mathrm{d}t$ 和阻尼回路储能单元对晶闸管的放电电流，下面分别进行介绍。

1. 晶闸管开通电流变化率 $\mathrm{d}i/\mathrm{d}t$

晶闸管开通时与晶闸管串联的电抗器将承受全部的电压值。因而，电流上升率 $\mathrm{d}i/\mathrm{d}t$ 主要由串联电抗器的电感值 L 和系统电压 U_{m} 决定。其最大开通电流上升率为

$$\left(\frac{\mathrm{d}i}{\mathrm{d}t}\right)_{\max} = \frac{U_{\mathrm{m}}}{L} \tag{3-7}$$

2. 阻尼回路储能单元对晶闸管的放电特性

由于阻尼回路的存在，阻尼电容 C 上的电荷量也需要通过晶闸管阀泄放掉。开通过程阻尼回路对晶闸管的放电如图 3-9 所示。

图中 U_{C} 为阻尼电容器端电压，i 为阻尼回路中的放电电流，其满足以下方程

$$U_{\mathrm{C}} = U_{\mathrm{th}}\mathrm{e}^{-t/RC} \tag{3-8}$$

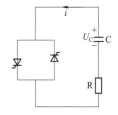

图 3-9 开通过程中阻尼回路对晶闸管的放电

式中：U_{th} 是晶闸管阀导通前阻尼电容器上的初始充电电压。

晶闸管阀的电流上升率为

$$\frac{\mathrm{d}i}{\mathrm{d}t} = C\frac{\mathrm{d}^2 U_{\mathrm{C}}}{\mathrm{d}t^2} \qquad (3-9)$$

由式（3-8）和式（3-9）可以解出：

$$\frac{\mathrm{d}i}{\mathrm{d}t} = \frac{U_{th}}{R^2 C} \qquad (3-10)$$

式（3-10）可以用来计算阻尼回路对开通 $\mathrm{d}i/\mathrm{d}t$ 的影响。

3. $\mathrm{d}i/\mathrm{d}t$ 抑制措施

为了限制浪涌电流的上升率，一般需要在晶闸管阀中串联电感。然而在阀中直接串联一个线性电感是不经济的，这会带来旁路阀体积和重量的增加，因此要求使用具有非线性电感的饱和电抗器来抑制开通电流的上升率。

饱和电抗器的作用是在晶闸管开通初期提供一个较大的电感来限制电流的快速上升；而当晶闸管完全开通后，饱和电抗器的铁心进入完全饱和，铁心电感消失，仅剩下极小的空心电感。

3.3.3.2 通态应力

晶闸管是一种电流控制型的器件，给出电流波形后，由通态伏安特性曲线可以计算出通态电压波形，再将两者相乘可获得功率曲线。

根据通态电流的大小，晶闸管的通态伏安特性分别受空间电荷区产生的复合效应、基区注入效应、串联电阻效应及表面效应的影响。普遍采用式（3-11）来近似表达各种效应的影响，即

$$U_{\mathrm{T}}(I_{\mathrm{T}}) = A + BI_{\mathrm{T}} + C\ln I_{\mathrm{T}} + D\sqrt{I_{\mathrm{T}}} \qquad (3-11)$$

式中：A、B、C、D 为常数；I_{T} 为晶闸管电流；$U_{\mathrm{T}}(I_{\mathrm{T}})$ 为电流等于 I_{T} 时刻的晶闸管电压。

因而晶闸管的功率可以表达为

$$P_{\mathrm{T}} = (A + BI_{\mathrm{T}} + C\ln I_{\mathrm{T}} + D\sqrt{I_{\mathrm{T}}})I_{\mathrm{T}} \qquad (3-12)$$

晶闸管的发热主要集中在两个基区之间的 PN 结，产生的热量通过钼片、合金化层、钼片与铜基座的路径传递到管壳表面。假设壳温保持不变，经过足够长的时间达到热平衡后，晶闸管的结温为

$$T_{\mathrm{j}} = T_{\mathrm{C}} + \frac{P_{\mathrm{T}}}{R_{\mathrm{th}}} \qquad (3-13)$$

式中：T_{j} 为结温；T_{C} 为壳温；P_{T} 为恒定功率；R_{th} 为稳态结壳热阻。

在故障电流作用下晶闸管瞬时产生巨大损耗，在短时间内产生的大量热量将无法及时被散热器带走，从而导致晶闸管芯片结温迅速上升。

判断故障电流情况下换流阀是否安全，需要对结温进行精确计算。与稳态结温计算不同的是，暂态结温计算是一个动态平衡过程，需要同时考虑材料的热阻和热容作用。其中，热阻反映材料的热传导能力，热容体现材料吸收热量的能力。针对暂态温升计算，晶闸管技术手册中一般会给出产品的暂态温升曲线，如图 3-10 所示。暂态温升曲线描述的是晶闸管在阶跃热激励 $P(t)$ 的条件下芯片结温变化曲线。其中，热激励采用外加热或者通电流的方法由芯片损耗产生，温升通过记录通态压降曲线方法间接得到。暂态热阻抗表示为

$$Z_t = T_j(t) / P \tag{3-14}$$

在利用暂态热阻抗曲线计算暂态温升时，一般首先通过函数逼近的方法将暂态热阻抗表示为三阶或四阶的时间指数函数系列：

$$Z_t(t) = \sum_{i=1}^{n} R_i \left(1 - e^{\frac{t}{\tau_i}}\right) \tag{3-15}$$

式（3-15）恰好与一种叫作 Foster 网络的阻容电路的阶跃响应相一致，该电路由一系列并联的 RC 单元串联而成，如图 3-11 所示。因此，在计算晶闸管结温时，可以通过电路仿真软件建立简单的 RC 电路模型来进行等效计算，其中晶闸管的发热功率用电路 i 代替，结温用节点电压 U_j 代替。Foster 网络模型是对元器件的复频域阻抗的一种近似，它在较宽的频域范围内保证其幅频响应特性与原阻抗接近，因此在实际发生的热激励下，等效网络模型能够获得与实际较为吻合的响应过程。

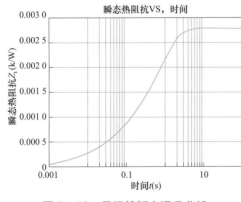

图 3-10 晶闸管暂态温升曲线

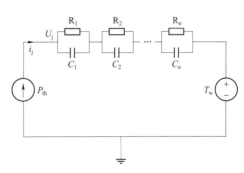

图 3-11 Foster 网络模型

相关研究表明，晶闸管在结温 170℃时仍具备承受 60%额定阻断电压能力，因此要求 DPFC 阀最大故障电流下晶闸管结温不应超过 170℃。

3.3.3.3 断态应力

当晶闸管阻断时，阻容回路和晶闸管阀端承受功率模块输出的 CPS-PWM 电压波形；晶闸管漏电流较小，其损耗可忽略，而 RC 回路由于电容器的存在，将在电阻器上产生

充电和放电损耗。单极性 CPS-PWM 电压波形及 RC 回路充电、放电电流波形如图 3-12 所示。

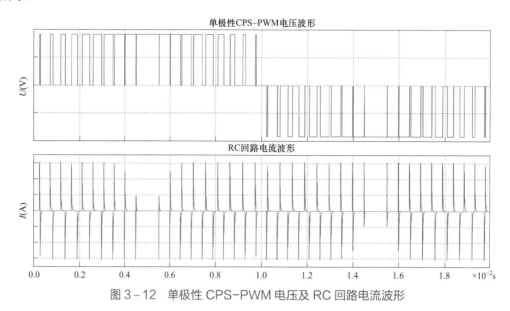

图 3-12　单极性 CPS-PWM 电压及 RC 回路电流波形

RC 回路的电阻发热功率为：

$$P_R = \frac{1}{2} N C_1 U_{PWM}^2 \qquad (3-16)$$

式中：C_1 为阻尼电容容值；U_{PWM} 为 PWM 电压幅值；N 为每秒电容器充放电次数。

实际损耗略小于理论计算值，这是由于 PWM 波幅值相同、宽度不同，对于宽度较窄的 PWM 脉冲，电容器尚未充到峰值就进入放电状态，对应的充、放电损耗也较小。

DPFC 旁路阀截止状态下电容器电压、电流波形如图 3-13 所示。

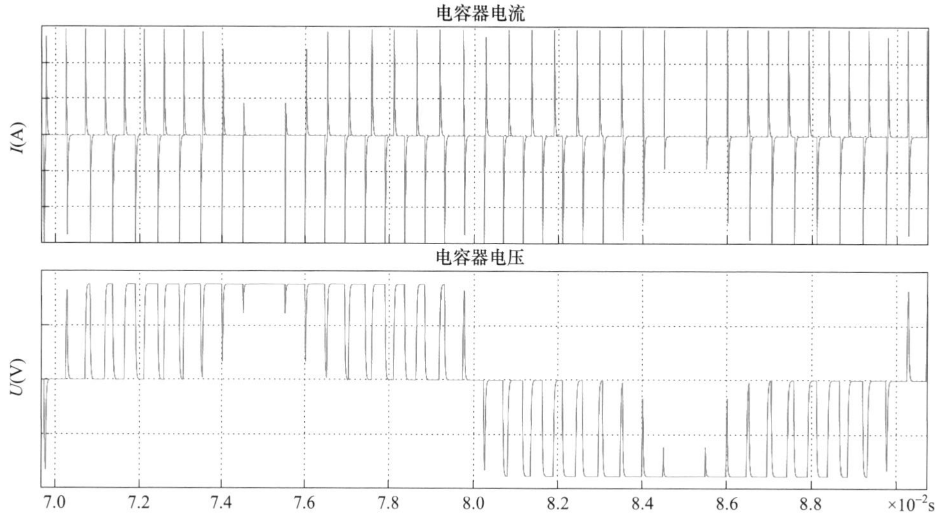

图 3-13　DPFC 旁路阀截止状态下电容器电压、电流波形

3.3.4 主回路设备选型

3.3.4.1 晶闸管选型

根据最大故障电流 125kA/100ms 选择晶闸管，选用 KPE 7300-45 型晶闸管，两支并联使用，晶闸管关键参数如下：

断态重复电压 V_{DRM}：4500V；

半波电流平均值 $I_{T(AV)}$：7300A；

浪涌电流 I_{TSM}：100kA；

门槛电压 u_{t0}：1.0V；

斜率电阻 r_T：0.12mΩ。

按照最大故障 125kA/100ms 校核晶闸管结温，并考虑 0.8 的均流系数，单支晶闸管电流峰值 78kA。

通过电磁暂态仿真软件 PLECS 搭建旁路阀晶闸管故障电流下晶闸管结温计算模型，晶闸管结温随故障电流变化的趋势如图 3-14 所示。

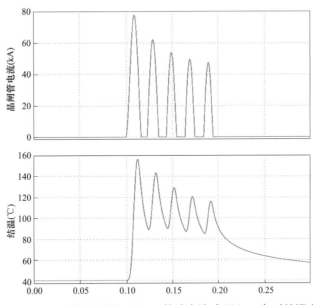

图 3-14 DPFC 旁路阀通过 125kA 故障电流（100ms）时结温变化曲线

从仿真结果可以看出，DPFC 旁路阀最大故障电流下晶闸管结温为 150℃左右，低于 170℃要求。

晶闸管端电压最大值（峰值）为 918V，晶闸管 V_{DRM} 为 4500V，单层设计，过电压耐受倍数为 4.9 倍，满足要求。

4 只晶闸管压为一串，结构紧凑，便于维护，如图 3-15 所示。

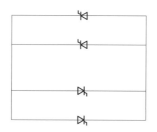

图 3-15　DPFC 旁路阀晶闸管压接示意图

3.3.4.2　饱和电抗器选型

DPFC 旁路阀饱和电抗器的主要技术参数如下：

（1）户外安装；

（2）不饱和电感值：4μH；

（3）拐点电流：200A；

（4）额定峰值耐受电流：125kA；

（5）额定短时耐受电流及持续时间：50kA/30ms；

（6）结构形式：干式铁心。

饱和电抗器实物照片如图 3-16 所示。

3.3.4.3　阻尼回路设备选型

RC 吸收回路参数计算及优化过程相对复杂，常规工程上没有通用的最优算法，一般可采用经验值。阻尼电阻值可取 10～100Ω，电容值可通过下式进行估算

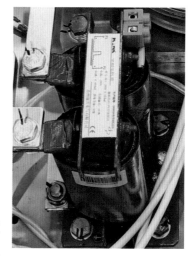

图 3-16　饱和电抗器实物照片

$$C = (2 \sim 4) \times 10^{-3} I_{\text{TAV}} \qquad (3-17)$$

RC 阻容支路参数参考 KPE 7300-45 型晶闸管常规阻容参数设计，电阻值为 30Ω，电容值为 0.47μF。

功率模块开关频率为 1000Hz，电容器每秒充放电次数为 4000 次，将阻容参数和充放电次数代入公式（3-16），计算得到阻尼电阻损耗 736.23W，PLECS 仿真结果为 627.87W。

阻尼电阻选用 4 只 300W、120Ω 的玻璃釉膜电阻并联使用，等效阻值为 30Ω，总功率为 1200W，具备 2 倍左右的功率裕度，可以避免设备表面温度过高。

阻尼回路设备如图 3-17 所示。

图 3-17 阻尼回路（阻尼电阻、阻尼电容）设备照片

3.3.5 晶闸管触发监测系统

3.3.5.1 方案比较

随着电力电子技术的发展和光电技术的日趋成熟，晶闸管触发与在线监控技术也经历了巨大的飞越。初期的晶闸管触发和监控几乎都是采用电磁方式，采用脉冲变压器来实现高低电位的隔离和信号传输。这种方式具有以下缺点：

（1）脉冲变压器的漏感将减小触发脉冲的陡度，影响晶闸管的开通，特别是当电压等级较高时。

（2）当阀组电压等级高时，脉冲变压器要求的绝缘也随之增加，导致脉冲变压器成本增加，且难以实现。

（3）脉冲变压器的一次侧和二次侧存在分布电容，这样就形成一个高频干扰通道，在高电压、大电流应用场合换相时，容易引起触发系统误动作，从而造成元件损坏。

（4）晶闸管状态监控难以实现或成本太高。由于阀组是高电位，而控制系统是低电位，因此要将高电位的晶闸管状态反馈送到低电位，需要考虑绝缘，同样存在成本高和高低压隔离的技术问题。

正是由于电磁触发与监控系统存在的种种问题和不足，因此提出了一种新的晶闸管触发和在线监控方式——光电触发和监控。

相比传统的电磁触发和监控系统，光电触发和监控系统具有以下的优点：

（1）系统将光纤作为信号传递的介质，达到触发系统和控制系统的高低压电位的隔离，更容易实现晶闸管触发和状态监控的目标。

（2）系统具有更高的抗干扰性，利于控制系统和高压阀的安全运行。

（3）光电器件的响应时间短，分散性小，更方便产生前沿陡的触发脉冲，利于晶闸管的同时触发。

（4）由于减少了众多的高电压脉冲变压器，因此光电触发与监控系统具有更好的成本优势。

由于光电触发和在线监控具有的优点，近年来国外各大公司逐渐采用光电触发和监控系统代替原有的电磁触发和监控系统。该系统大大简化了晶闸管触发电路的设计，降低了触发电路的故障率，提高了阀组的可靠性。

3.3.5.2　系统组成及功能

DPFC 旁路阀晶闸管触发与在线监测系统由取能电源、DPFC 单元控制板、触发检测板、BOD 板四部分组成，如图 3-18 所示。

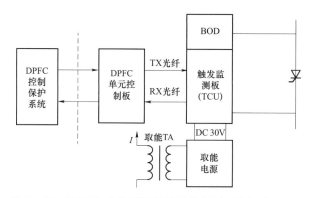

图 3-18　DPFC 旁路阀晶闸管触发监测系统组成示意图

系统各部分功能如下：

（1）DPFC 单元控制板。向触发监测板（TCU）发出触发晶闸管信号，并接受 TCU 返回的晶闸管状态信号。

（2）触发监测板（TCU）。接收触发信号，并将光信号转化为电信号，再经过逻辑处理和判断，把处理后触发信号进行功率放大并用于触发晶闸管导通；同时在线监控晶闸管的状态，并将晶闸管的状态转化为光信号送到阀控制单元的晶闸管监控单元。其内部又包括光电接收发射单元、逻辑控制单元、电压监测单元、功率放大单元等部分。

（3）BOD 板。强制触发单元是在晶闸管两端并联了击穿二极管（break over diode，BOD），且一端直接连到晶闸管的门极。其作用是在晶闸管两端的电压超过 BOD 的动作电压时，BOD 会被击穿；而 BOD 一端是接在晶闸管的门极上，因此流过 BOD 的电流会触发晶闸管导通，达到保护晶闸管的作用。同时，将 BOD 被击穿的信号通过光发送单元送到 DPFC 单元控制板。

（4）取能电源。接于电流互感器二次侧，通过电磁感应从主回路获取能量，为触发检测板提供稳定的直流 30V 工作电压。

3.4 相 变 冷 却 系 统

3.4.1 散热器基本要求

（1）环境要求：DPFC 功率模块安装于户外，考虑夏天暴晒（55℃）和冬天极寒（−35℃）两种极端工况。

（2）IGBT 参数：1700V/1400A，2 只。IGBT 模块尺寸如图 3−19 所示。

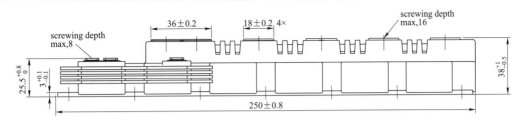

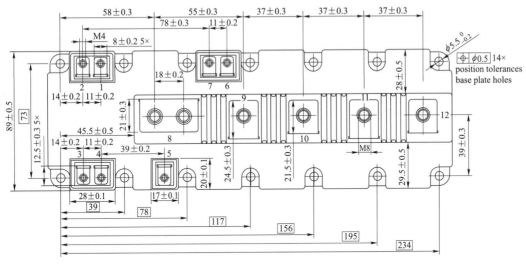

图 3−19　1400A/1700V IGBT 外观尺寸图

（3）风速：翅片内部最高风速为 4m/s，最低风速为 1m/s。

（4）允许温升：在设定风速范围内，IGBT 正下方基板温度控制在 100℃以内，最大温升 50K。

3.4.2 基本方案

散热器可采用热管散热器、相变材料等方案；散热器上下通风，2 只 IGBT 最大间距不得超过 200mm。散热器上方加导流罩（梯形、锥形或其他缓慢变化形状），罩口加设风扇（多个）从下往上抽风。风扇使用 24V 直流电源供电，风扇直径或型号可根据散热器设计进行选型，同时需考虑户外持续运行工况。基本布局图如图 3-20 所示。

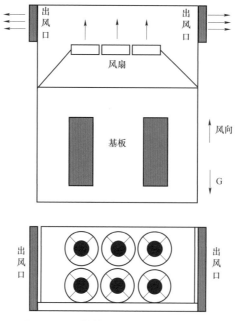

图 3-20　散热器及风扇整体布置图

3.4.3　散热器详细实现方案

散热器采用基板与复合超导平板热管（Flat Heat Pipe，FHP）组成 3D 连通的相变传热结构，工作原理如图 3-21 所示。典型的热管由管壳、吸液芯和端盖组成，将管内抽成负压后充以适量的工作液体，使紧贴管内壁的吸液芯毛细多孔材料中充满液体后进行密封。

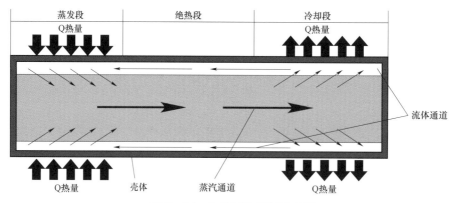

图 3-21　热管工作原理示意图

管的一端为蒸发段（加热段），另一端为冷凝段（冷却段），根据应用需要在两段中间布置绝热段。当热管的一端受热时毛细芯中的液体蒸发汽化，蒸汽在微小的压差下流向另一端，放出热量凝结成液体，液体再沿多孔材料靠毛细力的作用流回蒸发段。如此循环，热量由热管的一端传至另一端。

为满足户外大功率散热的要求，采用复合超导平板热管，它是一种具有超导热性能的传热元件。依靠内部特殊（复合）工质的相变传热传质，复合超导平板热管的表观热传导率是同样金属材质热传导率的 10 000 倍左右，其换热能力是具有同样表面积的传统圆形热管的 5～20 倍，承压能力是后者的 10～20 倍，而成本则只有传统热管的 1/3。与传统热管散热器相比，相变热管散热器具有以下优点：

（1）利用 HP 高效传热，远端散热；

（2）翅片热交换效率高；

（3）自然对流热交换效率高；

（4）散热器热阻低，铜或铝散热器的热阻为 0.04℃/W，而 3D 热管散热器热阻为 0.01℃/W；

（5）体积小、重量轻；

（6）散热器结构更灵活；

（7）传热温差低；

（8）传热效率高（潜热远大于显热）。

3.4.4　仿真验证

根据前面章节提供的参数，配置风扇，开展散热器的有限元仿真，仿真结果如图 3-22 和图 3-23 所示。由此可知，散热器内部风速为 3.6～4.3m/s，基板最高温度为 92℃，温升为 42K，满足器件最大结温要求。

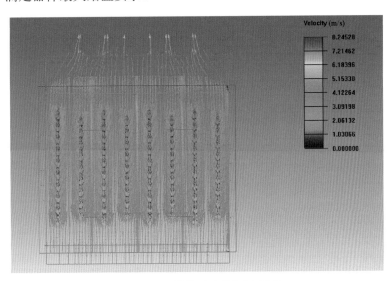

图 3-22　散热器内部风速云图

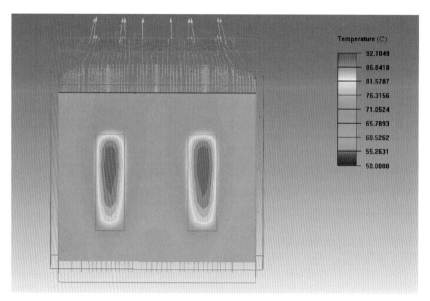

图 3-23　散热器基板温升云图

(3.5) 通 信 系 统

3.5.1　监控通信系统

DPFC 装置监控通信系统包括远动主机、监控主机、保信子站等。DPFC 控制保护系统通过监控 A/B 网接入变电站监控主机，并经远动主机接入调度系统。配置独立故障录波装置，通过保护及故障录波网接入保信子站系统。

通信规约采用 DL/T 860（IEC61850）协议。图 3-24 为 DPFC 监控通信系统网络结构图。

3.5.2　控制器和子单元通信

DPFC 子单元接收 DPFC 主控制器下发的控制指令，执行具体控制保护算法生成 PWM 指令，控制单相全桥 VSC 的 IGBT 通断，并向上层控制器回报本子单元的模块状态数据。上述功能实现需要可靠的控制通信链路完成。

针对 DPFC 子单元集中式部署，由于 DPFC 主控制器和子单元间距离较近，可设计光纤通信，通信规约采用 IEC 60044-8 协议，如图 3-25 所示。

针对 DPFC 子单元分布式部署，主控制器和子单元间距离较远，可采用无线通信（Lora 或 GPRS）方式，如图 3-26 所示。

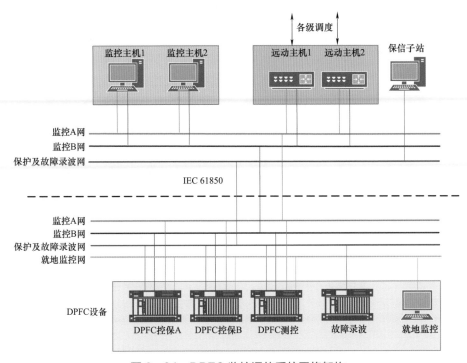

图 3-24　DPFC 监控通信系统网络架构

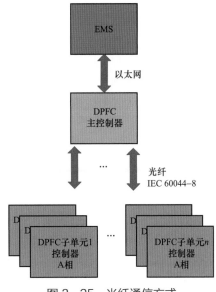

图 3-25　光纤通信方式

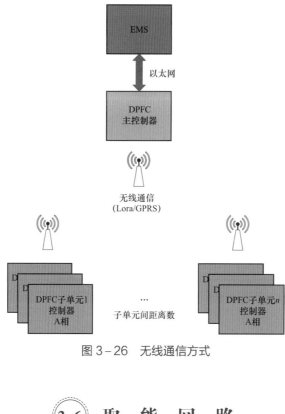

图 3-26　无线通信方式

(3.6) 取 能 回 路

3.6.1　晶闸管触发监测板取能方式

晶闸管触发监测板利用电容存储的能量工作，有触发命令到来时，电容和电源共同提供触发脉冲。但是应该注意，触发能量不足的时候可能会造成晶闸管烧毁，因此，触发监测板必须有足够的能量来提供可靠的触发脉冲来触发晶闸管，即必须有一套可靠的取能电路从高电位的晶闸管主电路或者从低电位侧取到触发监测板工作所需要的能量。

3.6.1.1　电压取能

电压取能方式的主回路结构如图 3-27 所示。这种取能方式要求晶闸管阀端具有一定的电压。SVC 装置的 TCR 部分以及 TCSC 工作在容性微调模式下一般采用此种取能方式。这种电压取能方式必须要求阀端具有一定的电压才能工作，否则将不能提供 TCU 板工作所需要的能量。

DPFC 装置的旁路阀工作时是全导通的，也就是说阀端是没有电压的，因此只依靠电压取能就不能满足 TCU 板正常工作的能量需求。在这些运行情况下，就需要其他的取能方式来提供 TCU 板正常工作时所需要的能量。

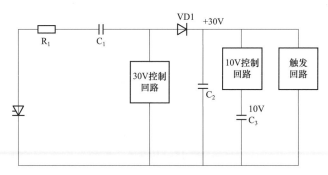

图 3-27 电压取能方式的主回路结构

3.6.1.2 电流（TA）取能

电流取能方式的主回路结构如图 3-28 所示。与常规的测量 TA 相比较，取能 TA 具有以下特点：

（1）取能 TA 的精度要求不高，只要能够满足取到 TCU 板回路所需要的 30V 电压就可以；

（2）合理选择 B—H 曲线工作点，一方面要保证主回路电流比较小时，TCU 板能够取到相应的能量；另一方面，当主回路电流比较大时，铁芯进入深度饱和，限制二次电流的幅值，不至于对触发监测板造成损坏。

取能 TA 在主回路中的接线方式如下，使主回路母排通过取能 TA，这样的结构就能保证主回路的电流流过 TA 时即可给取能电路提供足够的能量。每个取能 TA 的二次侧有两个线圈，每个线圈给一块触发监测板供电。

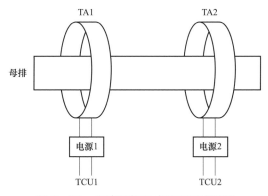

图 3-28 电流取能方式的主回路结构

为了更加明显的看出 TA 取能的效果，在低压试验条件下，进行阀全导通试验，一种方案是只有电压取能，另外一种方案是电压取能＋TA 取能。得到阀端电压与 TCU 板取能电压的波形如图 3-29 和图 3-30 所示。

从试验结果可以看出，在阀全导通时，如果没有 TA 取能回路，只依靠电压取能，是远远不能满足 TCU 板正常工作的要求的，会引起 TCU 板工作的异常，从而引起装置的异常。采用 TA 取能方式时，从试验波形可以很明显地看出，TCU 板的取能电压维持在 30V 左右，且没有明显的波动，满足 TCU 板正常工作的需要。

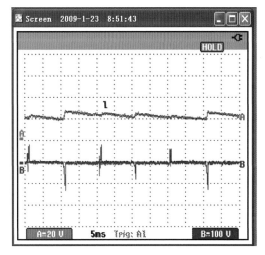 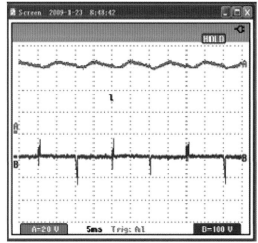

图 3-29　电压取能时的试验波形　　　　图 3-30　TA 取能时的试验波形

3.6.2　电压源换流器直流电容电压取能

3.6.2.1　电压取能电源要求

VSC 供电需要满足以下基本要求：

（1）输入输出高隔离强度。

（2）由于 IGBT 器件结电容的存在，使 IGBT 在上电过程中容易误触发，因此子模块单元越早获得供电越好。

（3）VSC 换流器的体积和重量与支撑电容的大小密切相关，为了减少体积和重量，降低成本，VSC 电容通常不会选取很大，为了满足快速响应要求，VSC 换流器直流取能电源应具备较宽的输入电压范围。

（4）取能电源作为 VSC 单元的核心部件，应具有冗余能力。

简而言之，VSC 换流器取能电源要求高隔离强度、宽范围高压供电及一定的功率冗余。

3.6.2.2　电压取能电源拓扑设计

目前，隔离型 DC-DC 拓扑主要有单端反激、双端反激、半桥两电平、全桥两电平和半桥三电平等。表 3-7 对常用拓扑进行了比较。

从表中可以看出，在高输入电压下，首先应该考虑降低开关管承受的电压应力，此时半桥三电平拓扑是最优选择，但是半桥三电平拓扑控制复杂、输入电压范围较窄，不能满足要求；双管反激具有开关管承受电压较低、允许输入电压范围较宽、控制简单、电磁兼容性能好等优点。图 3-31 给出了双端反激隔离型 DC-DC 拓扑。

表 3-7 常用隔离 DC-DC 拓扑比较

拓扑型式	开关管电压	允许输入电压范围	控制复杂度
单端反激	$>2U_i$	宽	简单
双端反激	U_i	宽	简单
半桥两电平	U_i	—	较复杂
半桥三电平	$0.5U_i$	较窄	复杂
全桥两电平	U_i	—	较复杂

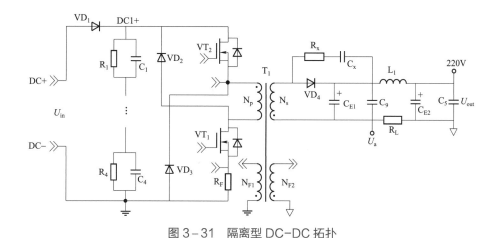

图 3-31 隔离型 DC-DC 拓扑

3.6.2.3 输入启动回路设计

电源启动初始阶段，自供电电路尚未工作，不能为控制芯片供电，由启动电路为控制芯片提供工作电压。传统的开关电源通常直接通过电阻分压为控制芯片供电，实现电源启动，并在启动后保持导通，分压电阻上仍消耗一定的功率。对于宽范围输入高位取能电源，由于输入电压较高，采用传统的电阻分压启动电路将消耗较大的功率，降低电源效率，难以运用于工程实际中。针对此问题，设计了可运用于宽范围输入高位取能电源的启动电路，如图 3-32 中所示。

电源启动初始阶段，开关管 VT_1 导通，直流母线经启动电阻 R_{VT} 向启动电容 C_1 充电，开关管漏源极电压开始下降。当启动电容电压上升至控制芯片工作电压时，电源启动，自供电电路开始工作。开关管漏源极电压进一步下降，当栅源极电压下降至开关管门限开启电压时，VT_1 截止，启动电路关断。相比传统电阻分压电路，该启动电路在电源启动后仅在 R_T 上消耗微弱功率，可应用于宽范围输入高位取能电源中。

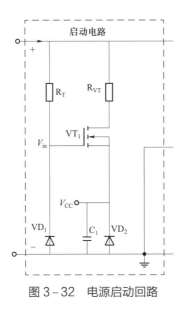

图 3-32　电源启动回路

3.6.2.4　输出回路设计

如图 3-31 所示，输出回路有 3 路。1 路 220V 主输出回路输出采用二极管整流后通过 LC 滤波直接输出，输出回路串联过流检测电阻 R_L。另两路输出为开关管控制芯片供电绕组 N_{F1} 和次级保护电路供电绕组 N_{F2}，两输出回路设计拓扑相同，如图 3-33 所示。二极管整流输出后，增加一级三极管稳压电路，输出电压幅值 V_{CC} 由稳压管 Z_{20} 的值决定，如 Z_{20} 选择 15V 的稳压二极管，V_{CC} 的电压约 13.6V，主要是因为三极管 VT_{20} 和二极管 VD_{23} 有 1.4V 的压降。

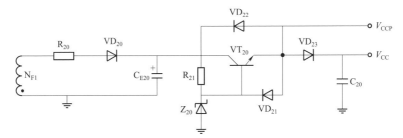

图 3-33　辅助供电回路原理图

VT_{20} 采用高压快速 NPN 三极管 FJP3305，其集电极和发射极之间可耐受 400V 电压，因此在三极管耐受功耗的情况下，可适当增加辅助供电绕组的输出电压，以提高辅助供电回路的供电可靠性。采用该稳压电路替代常见的 78 系列的三端稳压器，弥补了其输入电压范围较小的缺点。

3.6.2.5　控制保护电路设计

高压取能电源要求必须具有完善的保护。包括过温保护、输入过压保护、输入过流保护、输出过欠压保护、输出过流和短路保护等，在此介绍输入过压保护和输出过流保护的设计，其原理框图如图 3-34 所示。

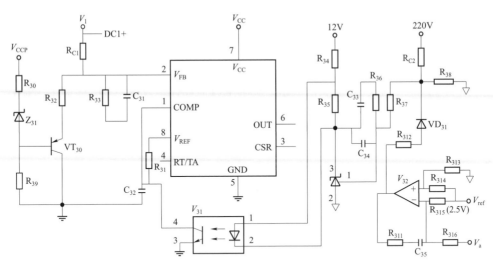

图 3-34 输入过压和输出过流保护原理框图

其反馈管脚 V_{FB} 作为输入过压保护用，如图 3-34 所示。输入电压 V_1 通过电阻 R_{C1} 与两路分压电阻 R_{32} 和 R_{33} 串联，以实现输入过压保护。设计两路分压电阻的目的是增加保护的滞环，避免一个保护点出现振荡。当高压取能电源运行后，图 3-34 所示的 V_{CCP} 供电也正常。此时 V_{FB} 管脚的值由 R_{32} 和 R_{33} 并联电阻和 R_{C1} 分压决定，当电压大于 2.5V 保护动作后，开关器件脉冲封锁，V_{CCP} 变为零。此时 V_{FB} 管脚的值仅由 R_{33} 和 R_{C1} 决定，该设计不仅实现了输入过压保护滞环功能，还实现了开关器件封锁脉冲后的过压保护功能。

图 3-34 中 V_a 为 220V 输出回路中电流采样电阻 R_L 上的电压，其与设定基准电压比较，经过运算放大器 V_{32} 比例积分后通过 VD_{31} 直接与 220V 稳压反馈并联在一起，当输出过流或短路时，V_{32} 输出电压逐渐增大，开关器件输出脉冲占空比也随之减小或封锁，以实现输出过流或短路保护的目的。

3.6.2.6 变压器设计

设高压取能电源的开关频率为 f_s，开通最大占空比为 D_{max}，效率为 η，变压器的设计参数如下。

（1）初级峰值电流计算公式为

$$I_p = 2K_{RP}P_0 / [\eta V_{smin}(1-0.5K_{RP})^2 D_{max}] \tag{3-18}$$

式中：K_{RP} 为最大脉动电流与峰值电流的比值；V_{smin} 为最小输入电压；P_0 为输出功率。

（2）初级电感量计算公式为

$$L_p = V_{smin}D_{max} / (I_R f_s) \tag{3-19}$$

（3）初级匝数计算公式为

$$N_P = V_{smin} t_{on} / (\Delta B_{ac} A_e) = V_{smin} D_{max} / (\Delta B_{ac} A_e f_s) \qquad (3-20)$$

式中：A_e 为磁芯有效面积；ΔB_{ac} 为工作磁密。

（4）次级匝数计算公式为

$$N_s = N_p V_{s1} (1 - D_{max}) / (V_{smin} D_{max}) \qquad (3-21)$$

（5）漆包线选择和绕制方法。根据各绕制电流值设计初级绕组 N_p 及 N_{F1}、N_{F2}，采用三重绝缘线。主输出绕组 N_s 采用三重绝缘线。变压器绕组由内而外绕制顺序为 N_{F1} 和 $N_{F2} \rightarrow N_p/2 \rightarrow N_s \rightarrow N_p/2$。

参考文献

[1] 刘刚，姚为正，孙健等. 电压源换流器的高压取能电源设计 [J]. 电力电子技术，2016，50（5）：72-75.

④ 分布式潮流控制器的 控制保护系统

控制保护系统是 DPFC 的大脑，决定着 DPFC 系统能否持续稳定地安全运行。控制保护系统在接收到运行人员的指令后，通过对各种输入量的高速运算，生成电压源型换流器输出控制所需的参考电压，从而实现正确输出，达到对断面潮流的调节效果。同时在发生故障时，控制保护系统保护 DPFC 的所有电气设备免受损害。

分布式潮流控制器的控制保护系统主要实现以下功能：启停控制、线路潮流控制、设备异常时对交流系统的冲击抑制、设备故障时的保护功能、对设备各运行参数（如端口输出电压、运行电流及换流器运行工况等）进行监视。

⓸.① 控 制 策 略

DPFC 控制策略可以分为调度系统级控制策略、集中控制级控制策略和单元模块级控制策略。调度系统级控制根据电力系统的调控需求实现控制目标的转化，将系统控制目标转化为线路功率、DPFC 注入电压或等效注入阻抗的指令；集中控制级将系统级给定的线路功率、DPFC 注入电压或等效注入阻抗的指令等转化为 DPFC 每个单元模块的输出电压跟踪指令；单元模块级控制将具体执行对输出电压指令的跟踪，以此实现对电力系统的调控。

4.1.1 DPFC 单元模块级控制策略

4.1.1.1 数学模型

DPFC 子模块的一次设备为一个由 IGBT 组成的 H 桥式电压源型换流器，其结构如图 4-1 所示。

图中，V_{dc} 为 DPFC 子模块直流侧电容电压，I_{dc} 为 DPFC 子模块直流侧电容电流，I_1 为由线路流进 DPFC 子模块的电流，I_2 为流过 DPFC 子模块滤波电感的电流，V_{out} 为 DPFC 子模块交流测输出电压，V_{se} 为 DPFC 子模块滤波电容的电压，同时也是注入到线路的电压；C_{dc} 为 DPFC 子模块直流滤波电容，C_f 为 DPFC 子模块交流滤波电容，L_f 为 DPFC 子模块交流滤波电感。图中虚线框表示 DPFC 子模块的一次设备可以根据不同场景选择是否配置 LC 滤波器。

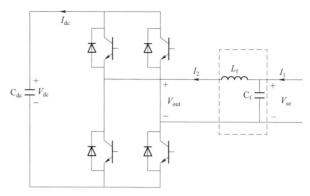

图 4-1 DPFC 子模块一次设备结构

当配置 LC 滤波器时，根据 DPFC 子模块回路方程，可得

$$V_{out} = V_{se} - L_f \frac{dI_2}{dt} \qquad (4-1)$$

$$I_2 = I_1 - C_f \frac{dV_{se}}{dt} \qquad (4-2)$$

由于 DPFC 子模块注入电压 V_{se} 在瞬态为一个输出幅值为 V_{dc} 的脉冲波，难以用来构造线性模型，因此将其平均化，可得

$$V_{out} = mV_{dc} \sin\varphi \qquad (4-3)$$

式中：m 为调制深度，其取值范围为 [0，1]；$\sin\varphi$ 为调制波的单位正弦波。

以线路电流 I_1 的正弦旋转角度为参考角度，对式（4-1）与式（4-2）进行 PARK 变换，可得

$$\begin{cases} V_{outd} = V_{sed} - L_f \frac{dI_{2d}}{dt} + \omega L_f I_{2q} \\ V_{outq} = V_{seq} - L_f \frac{dI_{2q}}{dt} - \omega L_f I_{2q} \end{cases} \qquad (4-4)$$

$$\begin{cases} I_{2d} = I_{1d} - C_f \frac{dV_{sed}}{dt} + \omega C_f V_{seq} \\ I_{2q} = I_{1q} - C_f \frac{dV_{seq}}{dt} - \omega C_f V_{sed} \end{cases} \qquad (4-5)$$

式中：ω 为工频角频率；d、q 下标为 dq 坐标下的对应分量。

在理想的稳态工况下（不考虑 DPFC 子模块损耗），可得

$$\begin{cases} V_{seq} / I_{1d} = X_{se} \\ V_{sed} = 0 \end{cases} \qquad (4-6)$$

当不配置 LC 滤波器时，由于不存在交流侧电容 C_f 的电流分量，因此 $I_1 = I_2$，其他保持不变。

4.1.1.2　控制策略

单个 DPFC 子模块的控制实质上是 DPFC 子模块输出电压的控制。由于 DPFC 子模块的一次设备结构分为含 LC 滤波器与不含 LC 滤波器两种，下面将以这两种不同结构介绍不同的控制策略。

1. 含 LC 滤波器的 DPFC 子模块控制策略

DPFC 子模块作用于线路的变量为注入电压 V_{se}。由式（4−5）可知，在对 V_{se} 进行 PARK 变换后，注入电压 V_{se} 的 d 轴分量与 q 轴分量存在耦合关系，无法实现解耦控制。因此，采取前馈解耦控制的方法，令

$$\begin{cases} C_f \dfrac{dV_{sed}}{dt} = K_{p1}(V_{sed}^* - V_{sed}) + K_{i1}\displaystyle\int (V_{sed}^* - V_{sed})\,dt \\[3mm] C_f \dfrac{dV_{seq}}{dt} = K_{p1}(V_{seq}^* - V_{seq}) + K_{i1}\displaystyle\int (V_{seq}^* - V_{seq})\,dt \end{cases} \tag{4−7}$$

将式（4−7）转换为 s 函数表达式

$$\begin{cases} sC_f V_{sed} = \left(K_{p1} + \dfrac{K_{i1}}{s}\right)(V_{sed}^* - V_{sed}) \\[3mm] sC_f V_{seq} = \left(K_{p1} + \dfrac{K_{i1}}{s}\right)(V_{seq}^* - V_{seq}) \end{cases} \tag{4−8}$$

分别推导出 DPFC 子模块注入电压 d 轴分量 V_{sed} 与 q 轴分量 V_{seq} 的闭环控制传递函数为

$$\begin{cases} V_{sed} = \dfrac{sK_{p1} + K_{i1}}{s^2 C_f + sK_{p1} + K_{i1}} V_{sed}^* \\[3mm] V_{seq} = \dfrac{sK_{p1} + K_{i1}}{s^2 C_f + sK_{p1} + K_{i1}} V_{seq}^* \end{cases} \tag{4−9}$$

V_{sed} 与 V_{seq} 可由其对应的给定指令独立控制，其形式为一个二阶闭环表达式，通过控制 K_{p1}、K_{i1} 的大小即可改变其动态响应特性。

此时，式（4−5）可改写为

$$\begin{cases} I_{2d} = I_{1d} - \left(K_{p1} + \dfrac{K_{i1}}{s}\right)(V_{sed}^* - V_{sed}) + \omega C_f V_{seq} \\[3mm] I_{2q} = I_{1q} - \left(K_{p1} + \dfrac{K_{i1}}{s}\right)(V_{seq}^* - V_{seq}) - \omega C_f V_{sed} \end{cases} \tag{4−10}$$

式（4−10）所求得的 I_{2d} 与 I_{2q} 将作为内环电流跟踪指令 I_{2d}^* 与 I_{2q}^*，并令

$$\begin{cases} sL_f I_{2d} = \left(K_{p2} + \dfrac{K_{i2}}{s}\right)(I_{2d}^* - I_{2d}) \\[3mm] sL_f I_{2q} = \left(K_{p2} + \dfrac{K_{i2}}{s}\right)(I_{2q}^* - I_{2q}) \end{cases} \tag{4−11}$$

可得 DPFC 子模块交流侧滤波电感电流的闭环传递函数为

$$\begin{cases} I_{2d} = \dfrac{sK_{p2} + K_{i2}}{s^2 L_f + sK_{p2} + K_{i2}} I_{2d}^* \\[3mm] I_{2q} = \dfrac{sK_{p2} + K_{i2}}{s^2 L_f + sK_{p2} + K_{i2}} I_{2q}^* \end{cases} \tag{4-12}$$

由此可见，DPFC 子模块交流侧滤波电感电流的 d 轴分量 I_{2d} 与 q 轴分量 I_{2q} 均可实现解耦控制，且形式上也是一个二阶系统。

此时，式（4-4）可改写为

$$\begin{cases} V_{outd} = V_{sed} - \left(K_{p2} + \dfrac{K_{i2}}{s} \right)(I_{2d}^* - I_{2d}) + \omega L_f I_{2q} \\[3mm] V_{outq} = V_{seq} - \left(K_{p2} + \dfrac{K_{i2}}{s} \right)(I_{2q}^* - I_{2q}) - \omega L_f I_{2q} \end{cases} \tag{4-13}$$

则 DPFC 子模块整体控制策略框图可用图 4-2 表示。

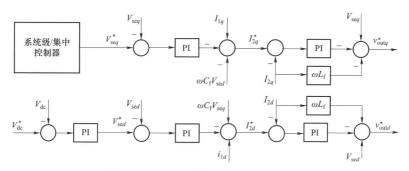

图 4-2　DPFC 装置级三环控制策略

由图 4-2 可见，DPFC 子模块交流侧输出电压 d 轴分量的控制包括直流电压控制、注入电压 d 轴分量控制、滤波电感电流 d 轴分量控制 3 个环节，其具体控制流程为：

（1）给定 DPFC 子模块直流电压目标值 V_{dc}^*，通过与反馈的直流电压实测值 V_{dc} 作差得到偏差信号，偏差信号将通过 PI 控制器得到 DPFC 子模块注入电压的 d 轴控制目标值 V_{sed}^*；

（2）所得 DPFC 子模块输出电压的 d 轴控制目标值 V_{sed}^* 将与其对应的实测反馈量 V_{sed} 作差，从而得到偏差信号，并以此作为 PI 控制器的输入，结合式（4-10）得到滤波电感电流 d 轴分量的控制目标值 I_{2d}^*；

（3）所得滤波电感电流 d 轴分量控制目标值 I_{2d}^* 将与其实测反馈量 I_{2d} 作差，所得偏差信号将通过 PI 控制器得到对应控制量，结合式（4-13）最终得到 DPFC 子模块交流侧输出电压 d 轴分量 V_{outd}^*。

DPFC 子模块交流侧输出电压 q 轴分量的控制包括系统级控制器的计算环节、注入电压 q 轴分量的控制、滤波电感电流 q 轴分量的控制 3 个环节，其具体流程为：

（1）系统级控制器根据调控需求求取 DPFC 子模块注入电压的 q 轴控制目标值 V_{seq}^*，并将其下达至各 DPFC 子模块；

（2）所得 DPFC 子模块输出电压的 q 轴控制目标值 V_{seq}^* 将与其对应的实测反馈量 V_{seq} 作差，从而得到偏差信号，并以此作为 PI 控制器的输入，结合式（4−10）得到滤波电感电流 q 轴分量的控制目标值 $I_{2\mathrm{q}}^*$；

（3）所得滤波电感电流 q 轴分量控制目标值 $I_{2\mathrm{q}}^*$ 将与其实测反馈量 $I_{2\mathrm{q}}$ 作差，所得偏差信号将通过 PI 控制器得到对应控制量，结合式（4−13）最终得到 DPFC 子模块交流侧逆变电压 d 轴分量 V_{outq}^*。

2. 不含 LC 滤波器的 DPFC 子模块控制策略

若 DPFC 子模块一次设备结构不包含 LC 滤波器，则 DPFC 子模块交流侧输出电压 V_{out} 即为 DPFC 子模块注入到线路的输出电压 V_{se}，从而建立如图 4−3 所示的 DPFC 子模块控制策略。

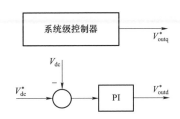

在该控制策略中，首先将 DPFC 子模块直流电容电压给定值 V_{dc}^* 与其对应反馈量作差，所得偏差信号

图 4−3 DPFC 子模块单环控制策略

将驱动 PI 控制器的输出，使其输出调制信号的 d 轴分量 V_{outd}^*；而调制信号的 q 轴分量 V_{outq}^* 则通过上层系统级控制器下达，主要调整 DPFC 子模块所注入的与电流相角正交的电压分量。

经过 SPWM 调制后，DPFC 子模块将会输出对应的电压 V_{out}。但因为调制后 V_{out} 是幅值为子模块直流电压值的脉冲波，为了减少其注入到线路的谐波脉动，一般采用载波移相调制方式进行谐波相消，从而起到无源滤波器的作用。

4.1.2 DPFC 集中控制级控制策略

4.1.2.1 DPFC 单工作模式控制策略

单个 DPFC 子模块的电压控制是实现多模式工作的基础，通过结合不同的系统级控制策略，使 DPFC 具备潮流调控、潮流限额及阻抗补偿等工作模式。

1. 潮流调控控制策略

DPFC 单元模块控制策略的逆变电压指令由上层潮流控制策略确定。当输入指令为有功功率潮流指令时，可反推得到 DPFC 所需补偿的阻抗值为

$$X_{\mathrm{se.sum}} = \frac{V_1 V_2 \sin \delta_{12}}{P_{\mathrm{L.ref}}} - X_{\mathrm{L}} \qquad (4-14)$$

此时，线路电流 $|I_{\mathrm{L}}|$ 的有效值为

$$|I_{\mathrm{L}}| = \frac{\sqrt{(V_1 - V_2 \cos \delta_{12})^2 + (V_2 \sin \delta_{12})^2}}{X_{\mathrm{L}} + X_{\mathrm{se.sum}}} \qquad (4-15)$$

由此可计算所有工作中的 DPFC 子模块注入的总电压 $V_{\text{se.sum}}$ 为

$$V_{\text{se.sum}} = \left| I_{\text{L}} \right| X_{\text{se.sum}} \quad\quad (4\text{-}16)$$

式中：V_1、V_2 分别为线路两端的交流电压；$P_{\text{L.ref}}$ 为线路有功功率指令；δ_{12} 为线路两端电压的相角差；X_{L} 为线路电抗。

由式（4-14）～式（4-16）计算得到的 DPFC 子模块电压输出指令 $V_{\text{se.sum}}$ 精度依赖于 X_{L}、$\dot{V}_1$、$\dot{V}_2$ 的准确性。在实际应用中，上述参数会随着实际工况而改变，从而导致 DPFC 无法使被控线路达到预期潮流值。虽然可以根据实际情况添加一个修正系数以修正误差，但该系数一般依赖于运行经验，在对系统实际运行不清楚的情况下难以达到很好的效果。

为解决该问题，此处采用了一种可以基于 PI 控制器的潮流控制策略：以线路有功功率潮流给定值 P_{L}^* 与其实际值的偏差信号 P_{L} 作为输入，通过 PI 控制器动态计算出 DPFC 子模块的总出力量 $V_{\text{se.sum}}$。DPFC 潮流调控控制框图如图 4-4 所示。

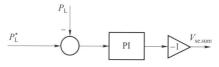

图 4-4　DPFC 潮流调控控制框图

通过反馈控制机制可使 DPFC 持续改变出力状态，最终达到零静差的稳定状态。

2. 电流限额控制策略

电流限额控制的目的为：在线路电流没有越过上、下限时使 DPFC 处于热备用状态，当线路电流越过上限或下限时，使 DPFC 按照上、下限电流指令进行跟踪。

为方便说明其控制原理，下面以图 4-5 的多支路断面进行说明。

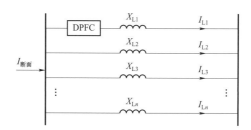

图 4-5　含 DPFC 的潮流断面

图中表示的是含 n 条支路的潮流断面，其中，$X_{\text{L}i}$ 为第 i 条支路的线路阻抗，$I_{\text{L}i}$ 为第 i 条支路的电流，$I_{\text{断面}}$ 为该潮流断面的总电流，DPFC 安装在其中一条支路上。若定义第 i 条支路的分流比为 k_i，则满足

$$\sum_{i=1}^{n} k_i = 1 \quad\quad (4\text{-}17)$$

$$\frac{k_i}{k_j} = \frac{X_{Lj}}{X_{Li}} \tag{4-18}$$

则第 i 条支路流过的电流计算值为

$$I_{Li} = k_i I_{断面} \tag{4-19}$$

假设支路 1 安装了 DPFC，且当 I_{L1} 满足

$$I_{L1.min} \leq I_{L1} \leq I_{L1.max} \tag{4-20}$$

则 DPFC 保持热备用状态，其输出电压为 0。其中，$I_{L1.min}$ 与 $I_{L1.max}$ 分别为预设的支路电流的最小限值与最大限值。

当 I_{L1} 不满足式（4-20）的条件，则 DPFC 将执行对电流指令的跟踪，具体控制策略如图 4-6 所示。由图可见，该策略主要由电流控制环节与越限判断环节组成，以支路 1 安装 DPFC 为例。

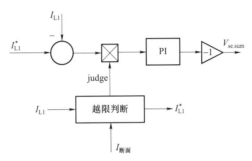

图 4-6　DPFC 的电流控制策略

电流控制环节的作用是：以支路 1 电流的最小限值 $I_{L1.min}$ 或最大限值 $I_{L1.max}$ 作为 DPFC 的给定指令 I_{L1}^*，给定指令与支路 1 的实测反馈电流作差得到偏差信号，并以此驱动 PI 控制器输出。当偏差信号为正时，PI 控制器输出的值会增大，通过一个比例为-1 的增益模块后转化为输出向负方向增大的信号 $V_{se.sum}$，减少线路等效阻抗，从而增大电流，使偏差信号趋于 0；当偏差信号为负时同理，所得信号 $V_{se.sum}$ 向正方向增大，从而等效为增大线路等效阻抗，使线路电流减小，使实际电流 I_{L1} 跟踪调节至指令 I_{L1}^*。

越限判断模块的作用为：通过式（4-19）计算出支路 1 线路电流，与实测的支路 1 线路电流 I_{L1} 一同作为判断线路是否满足越限条件的参量，决定电流控制环节的给定值及控制器的输出，其具体判断逻辑如下：

（1）$k_1 I_{断面} > I_{L1.max}$ 或 $I_{L1} > I_{L1.max}$ 同时成立时，judge=1，判断越限模块将输出电流给定信号 $I_{L1}^* = I_{L1.max}$；

（2）$k_1 I_{断面} < I_{L1.max}$ 或 $I_{L1} < I_{L1.min}$ 同时成立时，judge=1，判断越限模块将输出电流给定信号 $I_{L1}^* = I_{L1.min}$；

（3）当 I_{L1} 不满足（1）或（2）中的条件时，judge=0，对电流控制器的积分器进行清零。

一方面，当 DPFC 已经工作在电流跟踪模式时，该线路会因 DPFC 工作而一直使电流钳位在最小限值 $I_{\text{L1.min}}$ 或最大限值 $I_{\text{L1.max}}$，I_{L1} 将失去作为判断条件的意义。而由于 $I_{\text{断面}}$ 可以基于线路结构决定的分支系数 k_1 求取无 DPFC 影响下的支路 1 电流，以此弥补实测电流 I_{L1} 失效的情况。另一方面，当 DPFC 未工作时，由于支路 1 电流处于自由状态，因此仅需判断实测的支路 1 电流 I_{L1} 是否越限即可。

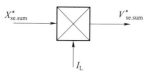

图 4-7 DPFC 的阻抗补偿控制策略

3. 阻抗补偿控制策略

由式（4-16）可知，DPFC 子模块输出阻抗与其输出电压的 q 轴分量成正比关系，则 DPFC 的阻抗补偿控制如图 4-7 所示。其中，$X^*_{\text{se.sum}}$ 为线路阻抗给定值，其与线路电流 I_{L} 的乘积即为 DPFC 所需的注入电压。

4.1.2.2 DPFC 模式切换策略

DPFC 的集中控制级控制器应包括计算模块、模式控制模块（指潮流调控模块、电流限额模块与阻抗补偿模块）、模式切换模块及出力分配模块，如图 4-8 所示。

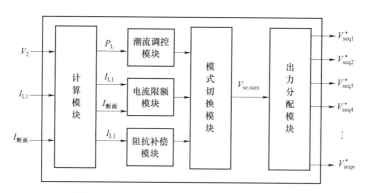

图 4-8 DPFC 集中控制级控制器示意图

由图 4-8 可见，无论 DPFC 工作在哪种工作模式，最终控制器输出均为 DPFC 输出电压 q 轴分量的给定值。潮流调控控制器与电流限额控制器均为 PI 控制器，但因为其被控目标不同，导致量纲存在较大的差别，不同模式下的控制器对偏差信号的响应差异较大；且在模式切换时，由于控制器积分值瞬间跳变，DPFC 的输出电压急剧变化，可能会引起线路发生振荡。

为了解决上述问题，此处提出了 DPFC 子模块多模式切换策略：

1. DPFC 潮流调控控制器与 DPFC 电流限额控制器的统一

如图 4-4 和图 4-6 所示的 DPFC 潮流调控控制器与 DPFC 电流限额控制器具有相同的结构形式，可以共用同一套 PI 控制器，这两种工作模式的切换仅是切换输入至 PI 控制器的偏差信号 Δ_{err}，具体如图 4-9 所示。

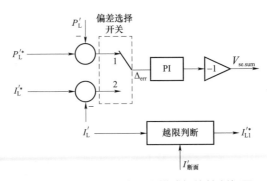

图4-9 DPFC 的多工作模式切换控制框图

由图4-9可知，通过切换偏差选择开关即可选择不同工作模式下的偏差信号，以此实现潮流调控模式与电流限额模式间的切换。为保证偏差信号 Δ_{err} 在一个数量等级下变化，还需要对 DPFC 的输入给定指令与反馈信号进行归一化处理。

对于潮流输入给定值 P_L^* 与潮流反馈值 P_L，使

$$P_L'^* = \frac{P_L^*}{P_{L.nom}} \tag{4-21}$$

$$P_L' = \frac{P_L}{P_{L.nom}} \tag{4-22}$$

其中，$P_{L.nom}$ 为线路的额定潮流（V_{nom} 为线路系统的额定相电压有效值），其对应的额定电流给定值与反馈值为

$$I_L'^* = \frac{V_{nom}I_L^*}{P_{L.nom}} \tag{4-23}$$

$$I_L' = \frac{V_{nom}I_L}{P_{L.nom}} \tag{4-24}$$

归一化后，由于两种工作模式在切换时所得到的偏差信号 Δ_{err} 在同一数量级，可避免 PI 控制器产生过激的比例作用与积分作用，从而使 DPFC 实现两种工作模式间的平滑切换。

2. DPFC 潮流调控模式、DPFC 电流限额模式与阻抗控制模式的切换策略

为方便下文对切换策略的阐述，此处以一个两位二进制数决定 DPFC 的工作模式，00 为无工作状态（模式 0），01 为潮流调控模式（模式 1），10 为电流限额模式（模式 2），11 为阻抗补偿模式（模式 3）。

结合 DPFC 单工作模式控制策略，建立一种可实现多模式切换的 DPFC 控制器结构，如图4-10所示。

其中，*err_sel*、*err_ctrl*、*out_sel*、*out_ctrl* 以及 *reset* 为 DPFC 多模式切换的辅助信号。*err_sel* 决定偏差输出通道的信号，当其值为 1 时，选择功率偏差值，当其值为 0 时，选择电流偏差值；*err_ctrl* 为控制偏差信号输出的信号，当其值为 1 时，允许偏

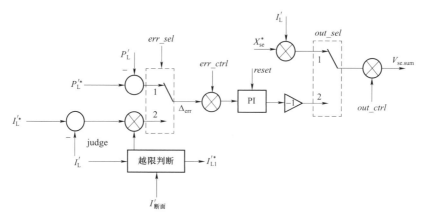

图 4－10　可实现多模式切换的 DPFC 控制器结构

差信号输出，当其值为 0 时，输入至 PI 控制器的偏差信号为 0；out_sel 为决定控制器
输出通道的信号，当其值为 1 时，选择 PI 控制器的输出，当其值为 0 时，选择阻抗控制
器的输出；out_ctrl 为控制 V_{se} 输出的信号，当其输出为 1 时，$V_{se.sum}$ 为控制器输出，当其
值为 0 时，V_{se} 为 0；$reset$ 为重置 PI 控制器积分器的信号，当其值为 1 时，重置 PI 控制
器积分器初值，当其值为 0 时，不需要重置 PI 控制器积分器初值。

在不同模式间切换时，这 5 个辅助信号的变化逻辑如下：

（1）当 DPFC 处于无工作状态时，$err\_ctrl = 0$，$out\_ctrl = 0$；

（2）当 DPFC 由无工作状态切换至其他工作模式时，$reset = 0$，$out\_ctrl = 1$，而
err_sel，out_sel 根据工作模式的不同而不同；

（3）当 DPFC 由潮流调控模式切换至电流限额模式时，$reset = 1$，$err\_sel = 0$，
$out\_sel = 1$，$out\_ctrl = 1$；

（4）当 DPFC 由潮流调控模式切换至阻抗补偿模式时，$reset = 1$，$err\_sel = 0/1$，
$out\_sel = 0$，$out\_ctrl = 1$；

（5）当 DPFC 由电流限额模式切换至潮流调控模式时，$reset = 0$，$err\_sel = 1$，
$out\_sel = 1$，$out\_ctrl = 1$；

（6）当 DPFC 由电流限额模式切换至阻抗补偿模式时，$reset = 1$，$err\_sel = 0/1$，
$out\_sel = 0$，$out\_ctrl = 1$；

（7）当 DPFC 由阻抗控制模式切换至潮流调控模式时，$reset = 1$，$err\_sel = 1$，
$out\_sel = 1$，$out\_ctrl = 1$；

（8）当 DPFC 由阻抗控制模式切换至电流限额模式时，$reset = 1$，$err\_sel = 0$，
$out\_sel = 1$，$out\_ctrl = 1$。

则 DPFC 多模式间的切换策略如图 4－11 所示。

若以变量 A、B 表示工作模式的二进制数，则可得 err_sel、err_ctrl、out_sel、
out_ctrl 及 $reset$ 与模式切换的逻辑关系，如表 4－1 所示。

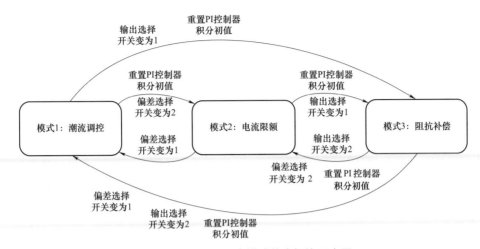

图 4-11 DPFC 多模式状态切换示意图

表 4-1 DPFC 多模式切换辅助信号逻辑

$A_{(n-1)}$	$B_{(n-1)}$	$A_{(n)}$	$B_{(n)}$	err_sel	err_ctrl	out_sel	out_ctrl	reset
0	0	0	0	*	0	*	0	0
0	0	0	1	1	1	1	1	0
0	0	1	0	0	1	1	1	0
0	0	1	1	*	0	0	1	0
0	1	0	0	*	0	*	0	1
0	1	0	1	1	1	1	1	0
0	1	1	0	0	1	1	1	1
0	1	1	1	*	0	0	1	1
1	0	0	0	*	0	*	0	1
1	0	0	1	1	1	1	1	0
1	0	1	0	0	1	1	1	0
1	0	1	1	*	0	0	1	0
1	1	0	0	*	0	*	0	0
1	1	0	1	1	1	1	1	1
1	1	1	0	0	1	1	1	1
1	1	1	1	*	0	0	1	0

由表 4-1 可得各辅助信号的逻辑表达式为

$$
\begin{cases}
err\_sel = B_{(n)} \\
err\_ctrl = \left(A_{(n)} \oplus B_{(n)} \right) \\
out\_sel = A'_{(n)} + B'_{(n)} \\
out\_ctrl = A_{(n)} + B_{(n)} \\
reset = \left(A_{(n-1)} B_{(n-1)} A'_{(n)} B_{(n)} \right) + \left(A_{(n-1)} B'_{(n-1)} A'_{(n)} B'_{(n)} \right) + \left(A'_{(n-1)} B_{(n-1)} B'_{(n)} \right) \\
\qquad\quad + \left(A'_{(n-1)} B_{(n-1)} A_{(n)} \right) + \left(B_{(n-1)} A_{(n)} B'_{(n)} \right) + \left(A_{(n-1)} B'_{(n-1)} A_{(n)} B_{(n)} \right)
\end{cases}
\tag{4-25}
$$

一般情况下，PI 控制器的积分器初值重置值为 0。但当 DPFC 由阻抗模式切换至潮流调控模式或电流限额模式时，如果此时使 PI 控制器的积分器初值为 0，$V_{\text{se.sum}}$ 会先变为 0 后再重新通过积分模块达到新的稳态，从而可能导致 DPFC 发生反向调控现象。若保留阻抗控制器的输出 $V_{\text{se.sum.ini}}$ 作为 PI 控制器的积分初值，在 DPFC 进行模式切换后，PI 控制器将在 $V_{\text{se.sum.ini}}$ 的基础上进行积分，相比前者，DPFC 更能平滑过渡到新的状态。因此，选用采取这种方式作为模式切换时 PI 控制器初值的重置策略，并以 ini_sel 作为 PI 控制器初值选择的判断信号。

当 ini_sel 为 1 时，积分初值为阻抗控制器的输出 $V_{\text{se.sum.ini}}$；ini_sel 为 0 时，积分初值为 0，则可得其逻辑关系如表 4-2 所示。

表 4-2 积分初值选择判断信号逻辑

$A_{(n-1)}$	$B_{(n-1)}$	$A_{(n)}$	$B_{(n)}$	ini_sel
0	0	0	0	*
0	0	0	1	0
0	0	1	0	0
0	0	1	1	0
0	1	0	0	0
0	1	0	1	*
0	1	1	0	0
0	1	1	1	0
1	0	0	0	0
1	0	0	1	0
1	0	1	0	*
1	0	1	1	0
1	1	0	0	*
1	1	0	1	1
1	1	1	0	1
1	1	1	1	*

进而可得到 ini_sel 的表达式为

$$ini\_sel = (A_{(n-1)} \oplus B_{(n-1)})A_{(n)}B_{(n)} \tag{4-26}$$

4.1.2.3 DPFC 出力分配策略

由图 4-8 可知，出力分配策略是 DPFC 系统级控制器的最后环节，其直接决定每个 DPFC 子模块的出力。

如今，DPFC 一般采取平均分配的出力策略，当注入电压需求很小的时候，每个 DPFC 子模块的实际出力很小，直流电压利用率很低（即调制深度很低）。由于 DPFC 子模块为一个电压源型换流器，在其调制深度较小时，逆变电压的谐波含量大，波形畸变严重，工作效率不高。因此，为提高每个 DPFC 子模块的工作效率，最好保证每个 DPFC 子模块的逆变电压为额定电压的 80% 以上。

同时，在选取 DPFC 子模块投入工作之前，若能选取可靠性较高的 DPFC 子模块作为控制目标跟踪的执行环节，则能大大提升整体系统运行的可靠性。为了量化 DPFC 子模块的可靠性指标，此处采取以下策略。

DPFC 子模块是由 IGBT 组成的电力电子产品，假设其平均无故障工作时间为 $1/\lambda$，则其寿命分布符合参数为 λ 的指数分布，其故障概率为

$$F(t) = P\{X \leqslant t\} = 1 - \mathrm{e}^{-\lambda t}, t \geqslant 0 \tag{4-27}$$

则 DPFC 子模块可靠性可表达为一个与换流器运行总时长相关的函数 $\rho(t)$。

$$\rho(t) = 1 - F(t) = \mathrm{e}^{-\lambda t} \tag{4-28}$$

在该函数的约束下，DPFC 子模块的故障概率随着时间的增长而增大，同时也意味着长时间工作的 DPFC 子模块伴随着更大的失效风险。当需要进行下一次分配任务时，累积工作时长越大的 DPFC 子模块更不容易分配到任务，则能使运行时间较少的 DPFC 子模块有更多投入工作的机会。这不仅保证线路全部 DPFC 子模块的使用率相对平均，还能减少单个 DPFC 发生故障的概率。为实现这种功能，可建立一种可自主交替工作的 DPFC 子模块出力策略，主要分两个步骤来控制 DPFC 子模块的出力：

（1）出力分配模块接收模式控制模块发出的 DPFC 注入电压指令 $V_{\mathrm{se.sum}}$，若每个 DPFC 子模块的额定输出电压为 $V_{\mathrm{se.nom}}$，为保证每个 DPFC 子模块的逆变电压不小于额定电压的 80%，则需要投入的 DPFC 子模块个数 n 为

$$n = \left[\frac{V_{\mathrm{se.sum}}}{0.8V_{\mathrm{se.nom}}} \right] \tag{4-29}$$

且应满足

$$V_{\mathrm{se.sum}} - nV_{\mathrm{se.nom}} \leqslant 0 \tag{4-30}$$

上式表示 DPFC 输出总电压 $V_{\mathrm{se.sum}}$ 需小于 n 个 DPFC 子模块输出的额定电压之和，进而求出每个 DPFC 子模块的输出电压（此处用调制深度表示）为

$$V_{\mathrm{seq}i} = \left(\frac{V_{\mathrm{se.sum}} - 0.8nV_{\mathrm{se.nom}}}{n} + 0.8V_{\mathrm{se.nom}} \right) / V_{\mathrm{se.nom}} \tag{4-31}$$

若所求 $V_{\mathrm{seq}i} > 1$，则会超出 DPFC 子模块调制范围，因此，在这种情况下需添加补偿 DPFC 子模块（该子模块不包含在数量 n 里面），使其出力为

$$\Delta V_{\mathrm{seq}i} = (V_{\mathrm{seq}i} - 1)n \tag{4-32}$$

则修正后的每个 DPFC 子模块的输出电压为

$$V_{\mathrm{seq}i} = (V_{\mathrm{se.sum}} - \Delta V_{\mathrm{seq}i})/n \tag{4-33}$$

（2）获取所需工作的 DPFC 子模块个数 n 与出力量 $V_{\mathrm{seq}i}$，并从已投入工作中的 DPFC

子模块中筛选出上一轮工作时间 ΔT 不足周期（以 24h 为 1 个周期）的子模块个数 m，并形成该 DPFC 子模块编号的集合 M。考虑各 DPFC 子模块的运行总时长 t_{run} 较小时，由式（4-29）算出的值非常小，即使采用双精度的数据类型也很难精确表达，因此直接采用 DPFC 子模块的运行总时长 t_{run} 作为判别其可靠性的指标。

1）令上一轮工作中的 DPFC 子模块个数为 n_0，当 $n \geq n\_0$ 时，先将集合 M 以外的 DPFC 子模块按运行总时长大小进行排序，并取运行总时长 t_{run} 较小的 n_real（$n\_real = n - m$）个子模块作为补充的 DPFC 子模块，然后再向这 n 个 DPFC 子模块下达出力指令 V_{seqi}。

2）当 $n < n\_0$ 时，若 $m \geq n$，则仅需从集合 M 中筛选出运行总时长 t_{run} 较小的 n 个作为下一轮工作的 DPFC 子模块即可；否则同样取 n_real（$n\_real = n - m$）个子模块作为补充的 DPFC 子模块。出力分配策略流程图如图 4-12 所示。

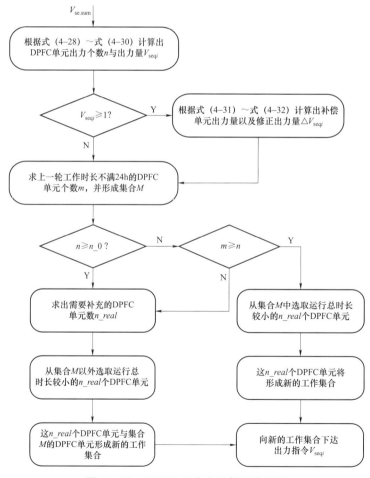

图 4-12　DPFC 出力分配策略流程图

DPFC 子模块出力分配策略可根据 DPFC 子模块的可靠性与工作效率自主合理地安排所需投入的 DPFC 子模块个数及出力；所采取的轮班机制可有效避免 DPFC 出力需求

变化时引起的 DPFC 子模块大量切换的问题，可减少大规模 DPFC 子模块投切引起的扰动问题，从而保证被控线路运行的安全性与可靠性。

4.1.3 调度系统级控制策略

在电力系统运行中，由于负荷波动性等随机因素的存在，导致电网运行状态时刻发生变化，为充分利用 DPFC 强大的线路潮流控制能力，时刻保证 DPFC 运行在最优状态，通过调度系统级的控制发送给 DPFC 集控装置最优的功率指令。

调度系统级控制以 DPFC 等效电压源、发电机有功和无功出力为控制变量，以 DPFC 容量、发电机出力上下限、线路传输容量、节点电压上下限为约束条件，根据电网运行状态选择网损最小、电压合格或线路负载均衡作为目标函数，建立考虑 DPFC 的电网最优潮流计算模型，并采用优化算法进行求解，从而得到 DPFC 的运行策略。

基于电网实时状态的 DPFC 运行策略优化方法，调度系统级控制采用计及 DPFC 的电网运行优化辅助决策，结合 EMS 当前状态，负荷预测、调度员操作和发电计划信息，根据电网运行的变化情况实施调整 DPFC 的控制目标，在充分利用 DPFC 控制能力的同时提高了电网运行的灵活性。

4.1.4 DPFC 附加阻尼控制策略

4.1.4.1 DPFC 阻尼特性分析

为方便说明 DPFC 对系统的阻尼作用，此处将根据图 4-13 所示的含 DPFC 的单机无穷大系统进行分析。

图 4-13 含 DPFC 的单机无穷大系统

DPFC 子模块以受控电压源表示，第 i 个 DPFC 子模块的注入电压为 $\dot{V}_{sei}$；X_L 为线路阻抗，$\dot{V}_1$、$\dot{V}_2$ 分别是母线 1、2 的电压，其中 $\dot{V}_2$ 是无穷大系统母线。该系统中的发电机非线性动态方程为

$$\begin{cases} \dfrac{\mathrm{d}\delta}{\mathrm{d}t} = \omega_0(\omega-1) \\[2mm] \dfrac{\mathrm{d}\omega}{\mathrm{d}t} = [P_m - P_e - D(\omega-1)]/T_J \\[2mm] \dfrac{\mathrm{d}E'_q}{\mathrm{d}t} = (E_{fd} - E_q)/T'_{d0} \\[2mm] \dfrac{\mathrm{d}E_{fd}}{\mathrm{d}t} = -\dfrac{E_{fd}}{T_A} + \dfrac{K_A}{T_A}(V_{S0} - V_S) \end{cases} \tag{4-34}$$

式中：δ 为发电机电角度；ω 为发电机电角速度；ω_0 为发电机电同步角度速度；P_m 为原动机机械功率；P_e 为发电机电磁功率；D 为阻尼系数；T_J 为转子惯性时间常数；E_q' 为交轴暂态电动势；E_{fd} 为强制空载电动势；V_{S0} 为励磁调节器设定电压；T_{d0}' 为励磁绕组时间常数；K_A 为励磁系统放大倍数；T_A 为励磁系统时间常数。

以交轴暂态电动势 E_q' 为参考，可得含 DPFC 无穷大系统的回路方程为

$$\begin{cases} E_q' = V_{2q} + \sum_{i=1}^{n} V_{seqi} + I_d X_{d\Sigma}' \\ 0 = V_{2d} + \sum_{i=1}^{n} V_{sedi} + I_q X_{q\Sigma} \end{cases} \quad (4-35)$$

式中：V_{2d}、V_{2q} 是受端电压 V_2 的 d 轴和 q 轴分量；V_{sedi} 和 V_{seqi} 为第 i 个 DPFC 子模块的输出电压的 d 轴和 q 轴分量；I_d、I_q 为线路电流的 d 轴和 q 轴分量；$X_{d\Sigma}' = X_{Ld} + X_{sd}'$，其中 X_{sd}' 为发电机 d 轴次暂态电抗，X_{Ld} 为线路电抗；$X_{q\Sigma} = X_{Ld} + X_q$，$X_q$ 为发电机交轴电抗。

对应的相量关系如图 4-14 所示。图中，φ 为受端潮流的功率因数角，θ 为发电机内功角。

同时，以交轴暂态电动势 E_q' 为参考，将 DPFC 动态方程进行 PARK 变换，在不考虑交流侧滤波器压降时可得到

$$\begin{cases} \dot{V}_{sei} = m_i \frac{V_{dci}}{\sqrt{2}} e^{j\delta_{sei}} = m_i \frac{V_{dci}}{\sqrt{2}} (\sin \delta_{sei} + j\cos \delta_{sei}) \\ \dfrac{\mathrm{d}V_{dci}}{\mathrm{d}t} = \frac{m_i}{2C_{dc}} (I_d \sin \delta_{sei} + I_q \cos \delta_{sei}) \end{cases} \quad (4-36)$$

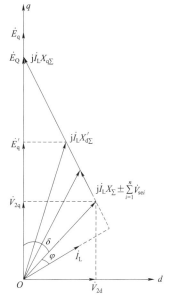

图 4-14 含 DPFC 的单机
无穷大系统向量图

式中：m_i 为第 i 个 DPFC 子模块的调制深度（控制输出电压幅值大小）；δ_{sei} 为第 i 个 DPFC 子模块输出电压的相位；V_{dci} 为第 i 个 DPFC 子模块的直流电容电压；C_{dc} 为 DPFC 子模块的直流电容。

考虑线路上有 n 个 DPFC 子模块协同工作，进而可得

$$\begin{cases} I_q = \dfrac{\sum\limits_{i=1}^{n} m_i \dfrac{V_{dci}}{\sqrt{2}} \sin \delta_{sei} + V_{2d}}{X_{q\Sigma}} \\ I_d = \dfrac{E_q' - \sum\limits_{i=1}^{n} m_i \dfrac{V_{dci}}{\sqrt{2}} \cos \delta_{sei} - V_{2q}}{X_{d\Sigma}} \end{cases} \quad (4-37)$$

因为发电机电磁功率 P_e、机端电压 V_s 及空载电动势 E_q 具有以下关系

$$
\begin{cases}
P_{\mathrm e}=E'_{\mathrm q}I_{\mathrm q}+(X_{\mathrm q}-X'_{\mathrm d})I_{\mathrm d}I_{\mathrm q}\\[2mm]
E_{\mathrm q}=\dfrac{E'_{\mathrm q}}{X'_{\mathrm d\Sigma}}-V_2\cos\dfrac{X_{\mathrm d}-X'_{\mathrm d}}{X_{\mathrm d\Sigma}}\\[2mm]
V_{\mathrm S}=\sqrt{V_{\mathrm{Sd}}^2+V_{\mathrm{Sq}}^2}=\sqrt{(E'_{\mathrm q}-X'_{\mathrm d}I_{\mathrm d})^2+(X_{\mathrm q}I_{\mathrm q})^2}
\end{cases}\tag{4-38}
$$

所以式（4-34）可改写为

$$
\begin{cases}
\dfrac{\mathrm d\delta}{\mathrm dt}=\omega_0(\omega-1)\\[3mm]
\dfrac{\mathrm d\omega}{\mathrm dt}=\dfrac{1}{T_{\mathrm J}}\left[P_{\mathrm m}-\dfrac{E'_{\mathrm q}V_2\sin\delta}{X'_{\mathrm d\Sigma}}-\dfrac{V_2^2(X_{\mathrm q\Sigma}-X'_{\mathrm d\Sigma})\sin2\delta}{2X_{\mathrm q\Sigma}X'_{\mathrm d\Sigma}}-V_2\sum_{i=1}^{n}v_{\mathrm{dc}.i}m_i\left(\dfrac{\cos\delta_i\sin\delta}{\sqrt2 X'_{\mathrm d\Sigma}}-\dfrac{\sin\delta_i\cos\delta}{\sqrt2 X_{\mathrm q\Sigma}}\right)-D(\omega-1)\right]\\[3mm]
\dfrac{\mathrm dE'_{\mathrm q}}{\mathrm dt}=\dfrac{1}{T'_{\mathrm{d0}}}(E_{\mathrm{fd}}-E_{\mathrm q})\left[E_{\mathrm{fd}}-\dfrac{E'_{\mathrm q}X_{\mathrm d\Sigma}}{X'_{\mathrm d\Sigma}}-\dfrac{X_{\mathrm d}-X'_{\mathrm d}}{X'_{\mathrm d\Sigma}}\left(\sum_{i=1}^{n}\dfrac{v_{\mathrm{dc}.i}m_i\cos\delta_i}{\sqrt2}-V_2\cos\delta\right)\right]-\\[3mm]
\dfrac{\mathrm dE_{\mathrm{fd}}}{\mathrm dt}=-\dfrac{E_{\mathrm{fd}}}{T_{\mathrm A}}+\dfrac{K_{\mathrm A}}{T_{\mathrm A}}\left(V_{\mathrm{S0}}-E'_{\mathrm q}-\left[\dfrac{X'_{\mathrm d}}{X'_{\mathrm d}\Sigma}\left(E'_{\mathrm q}-\sum_{i=1}^{n}\dfrac{v_{\mathrm{dc}.i}m_i\cos\delta_i}{\sqrt2}-V_2\cos\delta\right)\right]^2+\right.\\[3mm]
\left.\left[\dfrac{X'_{\mathrm q}}{X'_{\mathrm q}\Sigma}\left(\sum_{i=1}^{n}\dfrac{v_{\mathrm{dc}.i}m_i\sin\delta_i}{\sqrt2}+V_2\sin\delta\right)\right]^2\right)
\end{cases}\tag{4-39}
$$

任意多变量函数 $f(\boldsymbol x)$ 在 $\boldsymbol P$ 点处的线性化函数为

$$
f(\boldsymbol x)\approx f(\boldsymbol P)+\nabla f\big|_{\boldsymbol P}(\boldsymbol x-\boldsymbol P)\tag{4-40}
$$

式中：$\boldsymbol x$ 是变量的相量；$\boldsymbol P$ 是线性化的工作点。

因此，将 $(\delta_0,E'_{\mathrm{q0}},V_{\mathrm{S0}},V_{20},V_{\mathrm{dc10}},V_{\mathrm{dc20}},\cdots,V_{\mathrm{dcn0}},\delta_{\mathrm{se10}},\delta_{\mathrm{se20}},\cdots,\delta_{\mathrm{sen0}},m_{10},m_{20},\cdots,m_{n0})$ 作为特定运行点，将式（4-41）进行线性化，得到含 DPFC 单机无穷大系统的 Phillips-Heffron 模型

$$
\begin{cases}
\dfrac{\mathrm d\Delta\delta}{\mathrm dt}=\omega_0\Delta\omega\\[3mm]
\dfrac{\mathrm d\Delta\omega}{\mathrm dt}=-\dfrac{1}{T_{\mathrm J}}\left[k_1\Delta\delta+k_2\Delta E'_{\mathrm q}+\sum_{i=1}^{n}(k_{\mathrm p\delta_{sei}}\Delta\delta_{sei}+k_{\mathrm{pm}_i}\Delta m_i)+D\Delta\omega\right]\\[3mm]
\dfrac{\mathrm d\Delta E'_{\mathrm q}}{\mathrm dt}=\dfrac{1}{T'_{\mathrm{d0}}}\left(\Delta E_{\mathrm{fd}}-k_3\Delta\delta-k_4\Delta E'_{\mathrm q}-\sum_{i=1}^{n}(k_{\mathrm E\delta_i}\Delta\delta_i+k_{\mathrm{Em}_i}\Delta m_i)\right)\\[3mm]
\dfrac{\mathrm d\Delta E_{\mathrm{fd}}}{\mathrm dt}=-\dfrac{E_{\mathrm{fd}}}{T_{\mathrm A}}+\dfrac{K_{\mathrm A}}{T_{\mathrm A}}\left(k_5\Delta\delta+k_6\Delta E'_{\mathrm q}+\sum_{i=1}^{n}(k_{\mathrm V\delta_i}\Delta\delta_i+k_{\mathrm{Vm}_i}\Delta m_i)\right)
\end{cases}\tag{4-41}
$$

式（4-41）中的系数表达式如下

$$\begin{cases} k_1 = \dfrac{\partial P_e}{\partial \delta} = \dfrac{E'_{q0}V_{20}\cos\delta_0}{X'_{d\Sigma}} - \dfrac{V_{20}^2(X_{q\Sigma} - X'_{d\Sigma})\cos 2\delta_0}{X_{q\Sigma}X'_{d\Sigma}} \\ \qquad\quad - V_{20}\displaystyle\sum_{i=1}^{n}V_{dci0}m_{i0}\left(\dfrac{\cos\delta_{sei0}\cos\delta_0}{\sqrt{2}X'_{d\Sigma}} + \dfrac{\sin\delta_{sei0}\sin\delta_0}{\sqrt{2}X_{q\Sigma}}\right) \\[4pt] k_2 = \dfrac{\partial P_e}{\partial E'_q} = \dfrac{V_{20}\sin\delta_0}{X'_{d\Sigma}} \\[4pt] k_3 = \dfrac{\partial E_q}{\partial \delta} = \dfrac{V_{20}\sin\delta_0(X_d - X'_d)}{X'_{d\Sigma}} \\[4pt] k_4 = \dfrac{\partial E_q}{\partial E'_q} = \dfrac{X_{d\Sigma}}{X'_{d\Sigma}} \\[4pt] k_5 = \dfrac{\partial V_S}{\partial \delta} = \dfrac{V_{20}}{V_{S0}}\left(V_{Sd0}\cos\delta_0\dfrac{X_q}{X_{q\Sigma}} - V_{Sq0}\sin\delta_0\dfrac{X'_d}{X'_{d\Sigma}}\right) \\[4pt] k_6 = \dfrac{\partial V_S}{\partial E'_q} = \dfrac{V_{Sq0}(X_{d\Sigma} - X'_d)}{V_{S0}X'_{d\Sigma}} \\[4pt] k_{p\delta_{sei}} = \dfrac{\partial P_e}{\partial \delta_i} = V_{20}V_{dci0}m_{i0}\left(\dfrac{\sin\delta_{sei0}\sin\delta_0}{\sqrt{2}X'_{d\Sigma}} + \dfrac{\cos\delta_{sei0}\cos\delta_0}{\sqrt{2}X_{q\Sigma}}\right) \\[4pt] k_{pm_i} = \dfrac{\partial P_e}{\partial m_i} = V_{20}V_{dci0}\left(\dfrac{\sin\delta_{sei0}\cos\delta_0}{\sqrt{2}X_{q\Sigma}} - \dfrac{\cos\delta_{sei0}\sin\delta_0}{\sqrt{2}X'_{d\Sigma}}\right) \\[4pt] k_{E\delta_{sei}} = \dfrac{\partial E_q}{\partial \delta_i} = \dfrac{V_{dci0}m_{i0}\sin\delta_{sei0}(X_d - X'_d)}{\sqrt{2}X'_{d\Sigma}} \\[4pt] k_{Em_i} = \dfrac{\partial E_q}{\partial m_i} = -\dfrac{V_{dci0}\cos\delta_{sei0}(X_d - X'_d)}{\sqrt{2}X'_{d\Sigma}} \\[4pt] k_{V\delta_{sei}} = \dfrac{\partial V_S}{\partial \delta_i} = m_{i0}V_{dci0}\left(\dfrac{V_{Sd0}X_q\cos\delta_{sei0}}{\sqrt{2}X_{q\Sigma}V_{S0}} - \dfrac{V_{Sq0}X'_d\sin\delta_{sei0}}{\sqrt{2}X'_{d\Sigma}V_{S0}}\right) \\[4pt] k_{Vm_i} = \dfrac{\partial V_S}{\partial m_i} = V_{dci0}\left(\dfrac{V_{Sd0}X_q\cos\delta_{sei0}}{\sqrt{2}X_{q\Sigma}V_{S0}} + \dfrac{V_{Sq0}X'_d\sin\delta_{sei0}}{\sqrt{2}X'_{d\Sigma}V_{S0}}\right) \end{cases} \tag{4-42}$$

为了直观看出该模型各变量的关系，可根据式（4-41）得到含 DPFC 无穷大系统的线性化状态方程为

$$\begin{bmatrix} \dfrac{\mathrm{d}\Delta\delta}{\mathrm{d}t} \\[6pt] \dfrac{\mathrm{d}\Delta\omega}{\mathrm{d}t} \\[6pt] \dfrac{\mathrm{d}\Delta E'_q}{\mathrm{d}t} \\[6pt] \dfrac{\mathrm{d}\Delta E_{fd}}{\mathrm{d}t} \end{bmatrix} = \begin{bmatrix} 0 & \omega_0 & 0 & 0 \\[4pt] -\dfrac{k_1}{T_J} & -\dfrac{D}{T_J} & -\dfrac{k_2}{T_J} & 0 \\[4pt] -\dfrac{k_3}{T'_{d0}} & 0 & -\dfrac{k_4}{T'_{d0}} & -\dfrac{1}{T'_{d0}} \\[4pt] \dfrac{K_A k_5}{T_A} & 0 & \dfrac{K_A k_6}{T_A} & -\dfrac{1}{T_A} \end{bmatrix}\begin{bmatrix} \Delta\delta \\ \Delta\omega \\ \Delta E'_q \\ \Delta E_{fd} \end{bmatrix} + \sum_{i=1}^{n}\begin{bmatrix} 0 & 0 \\[4pt] -\dfrac{k_{p\delta_{sei}}}{T_J} & -\dfrac{k_{pm_i}}{T_J} \\[4pt] -\dfrac{k_{E\delta_{sei}}}{T'_{d0}} & -\dfrac{k_{Em_i}}{T'_{d0}} \\[4pt] \dfrac{K_A k_{V\delta_{sei}}}{T_A} & \dfrac{K_A k_{Vm_i}}{T_A} \end{bmatrix}\begin{bmatrix} \Delta\delta_{sei} \\ \Delta m_i \end{bmatrix} \tag{4-43}$$

由式（4-43）可知，每个 DPFC 子模块逆变电压的调制深度 m_i 与相角 δ_{sei} 均为该系统的输入，通过改变 m_i 与 δ_{sei} 即可对发电机的电角速度增量 $\Delta\omega$、交轴暂态电动势 $\Delta E'_q$ 以及强制空载电动势 ΔE_{fd} 起到影响。其中，电角速度增量 $\Delta\omega$ 是直接体现次同步振荡的关键参量，当 $\Delta\omega$ 发生变化时，若满足

$$\frac{\mathrm{d}\Delta\omega}{\mathrm{d}t} = -\frac{1}{T_J}\left[k_1\Delta\delta + k_2\Delta E'_q + \sum_{i=1}^{n}(k_{p\delta_{sei}}\Delta\delta_{sei} + k_{pm_i}\Delta m_i) + D\Delta\omega\right] < 0 \qquad (4-44)$$

则表明 DPFC 具备阻尼转速变化的能力。

由于该式中存在多个变量与系数，难以分析 DPFC 对次同步振荡的作用。因此，此处考虑了以下两个条件：

（1）忽略发电机阻尼绕组的作用（即 $D = 0$），即考虑发电机工作在最严重的情况下 DPFC 能否起到抑制次同步振荡的作用。

（2）因为 DPFC 只能工作在感性或容性状态，所以 $\delta_i = \delta + \theta \pm \pi/2$（容性为正，感性为负）；当潮流仅发生小的波动时，由于 δ 与 θ 基本不变，则 $\Delta\delta_i \approx 0$，且满足 $0 \leqslant \delta + \theta \leqslant \pi/2$。

当 DPFC 工作在容性时，$\dfrac{\pi}{2} \leqslant \delta_i \leqslant \pi$，有

$$k_{pm_i} = V_{20}v_{dci0}\left(\frac{\sin(\delta_0 + \theta_0 + \pi/2)\cos\delta_0}{\sqrt{2}X_{q\Sigma}} - \frac{\cos(\delta_0 + \theta_0 + \pi/2)\sin\delta_0}{\sqrt{2}X'_{d\Sigma}}\right) > 0 \qquad (4-45)$$

当 DPFC 工作在感性时，$-\dfrac{\pi}{2} \leqslant \delta_i \leqslant 0$，有

$$\begin{aligned}
k_{pm_i} &= V_{20}v_{dci0}\left(\frac{\sin(\delta_0 + \theta_0 - \pi/2)\cos\delta_0}{\sqrt{2}X_{q\Sigma}} - \frac{\cos(\delta_0 + \theta_0 - \pi/2)\sin\delta_0}{\sqrt{2}X'_{d\Sigma}}\right) \\
&= -V_{20}v_{dci0}\left(\frac{\cos(\delta_0 + \theta_0)\cos\delta_0}{\sqrt{2}X_{q\Sigma}} + \frac{\sin(\delta_0 + \theta_0)\sin\delta_0}{\sqrt{2}X'_{d\Sigma}}\right) < 0
\end{aligned} \qquad (4-46)$$

基于上述条件，式（4-44）的判据可以等效为

$$k_2\Delta E'_q + \sum_{i=1}^{n}(k_{pm_i}\Delta m_i) > 0 \qquad (4-47)$$

下面分四种情况分析系统的阻尼情况：

（1）当 $k_2\Delta E'_q$ 大于零时，且 DPFC 工作在感性时，式（4-47）不一定成立；

（2）当 $k_2\Delta E'_q$ 大于零时，且 DPFC 工作在容性时，式（4-47）恒成立；

（3）当 $k_2\Delta E'_q$ 小于零时，且 DPFC 工作在感性时，式（4-47）一定不成立；

（4）当 $k_2\Delta E'_q$ 小于零时，且 DPFC 工作在容性时，式（4-47）不一定成立。

由此可见，DPFC 输出模式可直接影响到系统的稳定性，当其工作在感性时，随着调制深度 m_i 以及投入子模块数量 n 的增加，式（4-47）会逐渐由成立过渡到不成立，

体现为系统的阻尼下降；相反，当其工作在容性时，只要增加调制深度或增加 DPFC 子模块数量即可使（4－47）恒成立，可看作系统阻尼增大。由此表明，当 DPFC 总输出电压往容性电压方向增大时，系统阻尼也会随之增长。

考虑到 DPFC 控制策略也会对系统阻尼产生影响，因此下面将结合 DPFC 子模块单元模块级控制策略对 DPFC 的阻尼特性进行分析。

含 LC 滤波器的 DPFC 子模块采用三环控制策略，但因为在一般情况下，参数 K_{p1} 远大于 L_f、参数 K_{p2} 远大于 C_f，所以由式（4－9）与式（4－12）可得

$$\begin{cases} I_{2d} \approx I_{2d}^* \\ I_{2q} \approx I_{2q}^* \\ V_{sed} \approx V_{sed}^* \\ V_{seq} \approx V_{seq}^* \end{cases} \tag{4－48}$$

该式表示在分析 DPFC 单元模块控制策略时，可忽略内环电压环与电流环的调节时间。而由于不含 LC 滤波器的 DPFC 子模块采取单环控制策略，直流电压环与功率环❶直接影响 DPFC 子模块输出电压的幅值与相角，因此，无论 DPFC 子模块是否含有 LC 滤波器，在分析控制器阻尼特性时都只需考虑直流电压外环与功率环的影响即可。

1. DPFC 子模块直流电压外环的阻尼特性

DPFC 子模块的直流控制环节为图 4－15 所示的形式。其中，k_{pdc} 为 DPFC 子模块的直流控制中 PI 控制器的比例系数，k_{idc} 为 DPFC 子模块的直流控制中 PI 控制器的积分系数；换流器的动态调整环节用一个一阶环节来替代，T_c 为换流器环节的时间常数。由此可将图 4－15 表示为

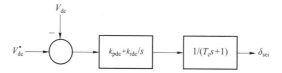

图 4－15　DPFC 子模块的直流控制环节

$$(V_{dc}^* - V_{dci})\frac{k_{pdc}s + k_{idc}}{s}\frac{1}{T_c s + 1} = \delta_{sei} \tag{4－49}$$

由于 V_{cdi} 的调节量很小，其主要起调节 DPFC 子模块输出电压相角 δ_{sei} 的作用，在一个特定运行点上两者偏差满足

$$\Delta V_{cdi} \approx \Delta \delta_{sei} \tag{4－50}$$

将（4－49）进行线性化，得

❶ 在多模式切换中，阻抗控制模式直接控制输出电压的容感性，容性增加阻尼，感性减弱阻尼，此处不再讨论；而在电流限额控制模式时，DPFC 一般处于非工作状态，此处不讨论。

$$\Delta \delta_{sei} = -\Delta v_{dci} \frac{k_{pdc}s + k_{idc}}{s} \frac{1}{T_c s + 1} \tag{4-51}$$

式（4-40）中发电机电磁功率对 DPFC 输出电压相角的编导 $k_{p\delta_{sei}}$ 会根据 DPFC 输出电压的方式（容性或感性）而改变，且 $\sin\delta_0 \approx 0$，$\cos\delta_0 \approx 1$。

当 DPFC 工作在容性电压输出时，有

$$k_{p\delta_{sei}} \approx V_{20}V_{dci0}m_{i0}\frac{\cos\delta_{sei0}}{\sqrt{2}X_{q\Sigma}} < 0 \tag{4-52}$$

当 DPFC 工作在感性电压输出时，有

$$k_{p\delta_{sei}} \approx V_{20}V_{dci0}m_{i0}\frac{\cos\delta_{sei0}}{\sqrt{2}X_{q\Sigma}} > 0 \tag{4-53}$$

ΔV_{dci} 与 $\Delta\omega$ 同相，且满足

$$\Delta V_{dci} = k_{dc}\Delta\omega \tag{4-54}$$

将式（4-54）带入至式（4-51），且在忽略换流器时间常数 T_c 时，得

$$\Delta\delta_{sei} = -\Delta\omega\frac{k_{dc}(k_{pdc}s + k_{idc})}{s} \tag{4-55}$$

$$\Delta\omega' = \sum_{i=1}^{n}\left(k_{p\delta_{sei}}\Delta\omega\frac{k_{dc}(k_{pdc}s + k_{idc})}{s}\right) = \Delta\omega\sum_{i=1}^{n}e^{j\varphi} \tag{4-56}$$

其中，$\Delta\omega'$ 为转速偏差的补偿量，$-\dfrac{\pi}{2} \leqslant -\arctan\dfrac{k_{idc}}{\omega k_{pdc}} \leqslant 0$。当 $k_{p\delta_{sei}} > 0$ 时，

$-\dfrac{\pi}{2} \leqslant \varphi = -\arctan\dfrac{k_{idc}}{\omega k_{pdc}} \leqslant 0$；当 $k_{p\delta_{sei}} < 0$ 时，$\dfrac{\pi}{2} \leqslant \varphi = -\arctan\dfrac{k_{idc}}{\omega k_{pdc}} + \pi \leqslant \pi$。

为更加清晰地分析直流电压环对次同步振荡的作用，图 4-16 展现了 DPFC 直流电压环对发电机电角度转速差的影响。

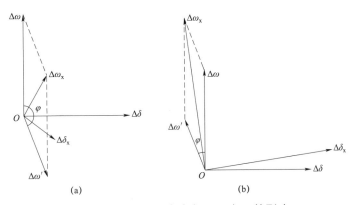

图 4-16 DPFC 直流电压环对Δω的影响

（a）DPFC 输出感性电压；（b）DPFC 输出容性电压

图中，$\Delta\omega_x$ 为修正后的发电机电角度转速偏差，$\Delta\delta_x$ 修正后的发电机电角度偏差。当 DPFC 输出容性电压时，由于 DPFC 产生了一个与 $\Delta\omega$ 成钝角的分量 $\Delta\omega'$，使得修正后的 $\Delta\omega_x$ 幅值增大；当 DPFC 输出感性电压时，由于 DPFC 产生了一个与 $\Delta\omega$ 成锐角的分量 $\Delta\omega'$，使得修正后的 $\Delta\omega_x$ 幅值减小。

上述表明，DPFC 子模块的直流电压控制环节在一定条件下能增加或减少系统阻尼，但因为 $\Delta\delta_{sei}$ 引起的阻尼变化远比 Δm_i 小，因此可忽略不计。

2. DPFC 功率环的阻尼特性

因为 DPFC 功率环的输入是有功功率 P_L^*，当 P_L^* 大于初始有功功率潮流时，此时 DPFC 输出电压为容性，而且增大的有功功率潮流越多，DPFC 子模块的调制深度 m_i 越大，结合式（4−45）～式（4−47）可知，此时系统阻尼会增大；当 P_L^* 小于初始有功功率潮流时，此时 DPFC 输出电压为感性，而且减少的有功功率潮流越多，DPFC 子模块的调制深度 m_i 越大，此时系统阻尼会变小。因此，DPFC 功率环具备一定改变系统阻尼的能力，当向有功功率潮流增大的方向调节时，系统阻尼增加；当向有功功率潮流减少的方向调节时，系统阻尼减少。

4.1.4.2　DPFC 阻尼控制器设计

由 4.1.4.1 节可知，通过改变每个 DPFC 子模块输出电压的幅值与相角即可提高系统阻尼。由于 DPFC 单元模块控制策略实质上是对 DPFC 子模块输出电压的闭环控制，因此阻尼控制策略应在 DPFC 单元模块控制策略基础上进行改进。对此，提出了两种改进方案，具体如图 4−17 所示。

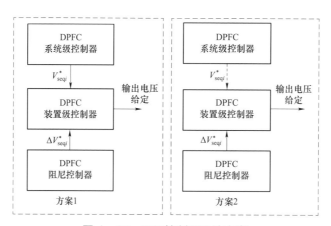

图 4−17　阻尼控制器设计方案

第一种方案直接将附加阻尼控制器的输出 ΔV_{seqi}^* 与系统级控制器下达的给定信号 ΔV_{seqi}^* 进行叠加后作为 DPFC 单元模块控制器的输入，使 DPFC 子模块可同时承担系统级控制器的调控任务以及阻尼系统振荡的任务。然而，因为系统级控制器下达的调控任务占用了大部分的 DPFC 子模块容量，每个 DPFC 子模块仅能使用小部分容量用以抑制系统振荡，阻尼效果不佳。

第二种方案将划分一部分 DPFC 子模块用以执行系统级控制器的调控任务，另一部分则专门用以抑制系统振荡。相比于第一种方案，这种方案只需几个满容量的 DPFC 子模块即可，控制效果更佳。因此，本书采取第二种方案以开展后续的研究。

目前，阻尼控制器的设计方法有很多，其中包括：基于直接反馈线性化理论的非线性控制策略、基于神经网络理论的控制策略、基于模糊理论的模糊控制策略、自适应抗干扰控制策略、极点配置法策略、相位补偿法以及基于广域相量的广域阻尼控制等。由于相位补偿法在其他 FACTS 装置中已经被验证具备非常优良的效果，因此本书采用相位补偿法设计 DPFC 的阻尼控制器。

基于相位补偿的 DPFC 阻尼控制器主要由滤波、隔直、超前—滞后补偿、放大、限幅等环节组成，具体如图 4-18 所示。由图可知，阻尼控制器的输入为发电机转子转速 $\Delta\omega$，其表达式为

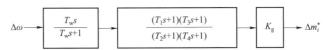

图 4-18　基于相位补偿法的 DPFC 子模块附加阻尼控制器

$$K_{\mathrm{g}} \frac{T_{\mathrm{w}}s}{T_{\mathrm{w}}s+1} \frac{(T_2s+1)(T_4s+1)}{(T_1s+1)(T_3s+1)} \Delta\omega = \Delta m_i \qquad (4-57)$$

式中：K_{g} 为放大系数；T_{w} 为隔直环节的时间常数；T_1、T_2、T_3 及 T_4 为超前—滞后环节的时间常数。

由前述分析可知，$-\sum_{i=1}^{n}(k_{\mathrm{pm}_i}\Delta m_i)$ 是 DPFC 改变系统阻尼的控制量，结合式（4-57）可得

$$\Delta\omega_{\mathrm{D}} = -\sum_{i=1}^{n}\left(k_{\mathrm{pm}_i}K_{\mathrm{g}}\frac{T_{\mathrm{w}}s}{T_{\mathrm{w}}s+1}\frac{(T_2s+1)(T_4s+1)}{(T_1s+1)(T_3s+1)}\Delta\omega\right)\mathrm{sgn}(k_{\mathrm{pm}_i}) \qquad (4-58)$$

式中：$\Delta\omega_{\mathrm{D}}$ 为阻尼控制器产生的发电机电角度转速增量；$\mathrm{sgn}(k_{\mathrm{pm}_i})$ 为 DPFC 输出模式的判断信号。

当 DPFC 子模块工作在容性时，$k_{\mathrm{pm}_i}>0$，$\mathrm{sgn}(k_{\mathrm{pm}_i})=1$；当 DPFC 子模块工作在感性时，$k_{\mathrm{pm}_i}<0$，$\mathrm{sgn}(k_{\mathrm{pm}_i})=-1$。若定义隔直环节与超前—滞后环节在工频附近补偿的相位为 α，则修正后的发电机电角度转速偏差 $\Delta\omega_{\mathrm{x}}$ 与电角度偏差 $\Delta\delta_{\mathrm{x}}$ 如图 4-19 所示。

由图 4-19 可知，若所选择的 α 合理，则无论 DPFC 工作在感性或容性状态，其产生的 $\Delta\omega_{\mathrm{D}}$ 都能对 $\Delta\omega$ 进行抑制，增益的选择则直接影响其抑制的程度。

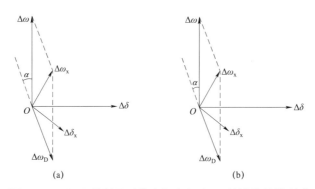

图4-19 阻尼控制器对发电机电角度$\Delta\omega$转速偏差的影响

（a）DPFC输出容性电压式；（b）DPFC输出感性电压式

(4.2) 保 护 策 略

分布式潮流控制器的保护策略应在发生故障时，尽可能地通过改变控制策略或者移除最少的故障元件，使得故障对于系统和设备的影响最小。

4.2.1 保护配置

DPFC保护配置的基本原则是：主要保护DPFC设备，在保证保护动作可靠性和灵敏性的同时，快速将DPFC从交流系统隔离，减小对交流系统的影响。

4.2.1.1 测点配置

以国网浙江省电力公司湖州DPFC示范工程为例，根据一次设备的结构和特点，DPFC的测点配置如图4-20所示，主要配置有线路电流测量TA以及母线电压测量TV，分别测量DPFC靠近母线侧的交流线路电流和交流母线电压，分别记为I_{Line}和U_{bus}。

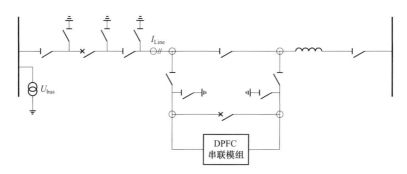

图4-20 DPFC测点布置示意图

4.2.1.2 保护功能原理与动作方案

1. 保护功能原理

由于 DPFC 各级子模块直接串联接入交流线路，线路电流直接流经模组的电力电子功率器件。因此，DPFC 配置的保护功能主要与线路电流相关，包括了快速过电流保护和过电流保护。

（1）快速过电流保护。

保护范围：对应线路的所有串联子模块。

保护目的：在交流线路发生短路故障时快速退出并闭锁 DPFC 各级串联子模块，以防止线路短路故障电流损坏 DPFC。

保护工作原理和策略：快速过电流保护为百微秒级保护，通过使用交流线路电流 I_{Line}，当电流瞬时值超过保护定值 I_{SET_I} 并持续一段时间 T_{SET_I}（百微秒级）后，触发保护动作。

快速过电流保护的逻辑图如图 4-21 所示。

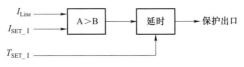

图 4-21 快速过电流保护逻辑图

（2）过电流保护。

保护范围：对应线路的所有串联子模块。

保护目的：当线路严重过负荷运行时退出 DPFC 各级子模块，用以防止线路长期过负荷运行引起 DPFC 损坏。

保护工作原理和策略：过电流保护为秒级保护，同样使用交流电路电流 I_{Line}，当电流有效值 I_{Line_rms} 大于保护定值 I_{SET_II} 并持续一段时间 T_{SET_II}（秒级）后，触发保护动作。

快速过电流保护的逻辑图如图 4-22 所示。

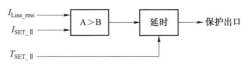

图 4-22 过电流保护逻辑图

需要注意的是，两个保护功能的定值设置需要根据实际工程特点和需求整定。

2. 保护动作方案

分布式潮流控制器的保护采用双重化配置方案，任一套动作即出口跳闸。

在保护（快速过电流保护和过电流保护）动作后，系统将快速合闸 DPFC 旁路开关，同时向本线路所有串联子模块发送保护动作信号。各级子模块在收到保护信号后，快速闭锁并合闸子模块旁路开关，从交流线路中退出。保护动作顺序如图4-23所示。

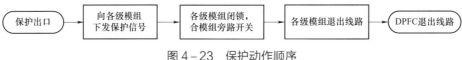

图4-23 保护动作顺序

4.2.2 交流系统故障应对策略

对于交流系统中的某一回线，邻近线路无论发生瞬时故障还是永久性故障，对于本线路DPFC均可认为是需要"临时退出再重启"的瞬时故障。本线路发生瞬时性故障时，DPFC需要"临时退出再重启"；而本线路发生永久性故障时，由于线路会跳闸，DPFC则退出运行后不再重启。因此，DPFC的故障处理分为两种情况：

（1）邻近线路故障或本线路瞬时故障（临时退出再重启）；

（2）本线路永久性故障（永久退出、无需重启）。

需要注意的是，单回线路运行方式与双回线路运行方式的故障处理存在区别，双回线路运行时需要在故障后进行功率转带。

1. 邻近线路故障或本线路瞬时性故障

（1）单回线路运行方式。在发生瞬时性故障时，DPFC设备临时退出后重新启动。重启过程中潮流控制模式与控制指令值均保持不变，重启完成后自动将潮流调节至故障前的状态。

（2）双回线路运行方式（双回线运行过程中发生瞬时故障，重启动作有如下两种情况：

1）双回线路对应的DPFC设备保护同时动作，该情况下双回线路对应的DPFC设备均临时退出后再重新启动，潮流控制模式与控制指令值保持不变；无论本线路瞬时性故障或邻近线路故障，重启完成后自动将潮流调节至故障前的状态。

2）仅一回线路瞬时性故障，该回线路对应的DPFC设备保护动作。该情况下，该回线路对应的DPFC设备临时退出后再重新启动，待故障线路重启完成后，双回线路同时调节潮流至故障前的状态，整个过程中双回线潮流控制模式与控制指令值保持不变。

2. 本线路永久性故障

（1）单回线路运行方式。单回线路运行方式在发生永久性故障时，DPFC设备保护动作，退出运行。

（2）双回线路运行方式。双回线运行过程中，若发生线路永久性故障，动作有如下两种情况：

1）双回线路保护同时动作，该情况下双回线路对应DPFC设备的保护均动作，双回线路的DPFC设备均退出运行。

2）一回线永久性故障，则该回线路对应的 DPFC 设备保护动作，对应的 DPFC 设备退出运行；若故障同时引起另一回线路对应的 DPFC 设备过流，则另一回线路对应的 DPFC 设备会临时退出后再重新启动；若故障未引起另一回线路对应的 DPFC 设备过流，则另一回线保持原来的控制模式继续运行。该情况下，故障线路原有潮流将会转移至非故障线路。

(4.3) 控制保护系统结构与功能

4.3.1 控制保护系统的结构

4.3.1.1 控保系统分层结构

分布式潮流控制器的控制保护系统采用分级布置、分层控制的结构，包括了调度端的高级控制层、变电站内的集中控制层和就地控制层。其中，高级控制层根据交流电网的实时状态，计算出 DPFC 设备进行电网潮流调节的最优指令，并下发给集中控制层；集中控制层将接收到的指令值转化为各级串联子模块的电压参考值和电抗指令值，并分配至各级子模块，同时实现各级模组的协调控制和顺序控制等 DPFC 设备的集中控制保护功能，是控制保护系统的核心部分；就地控制层在各级串联子模块中执行集中控制层下发的指令，进而控制子模块完成相应的顺序控制，并输出相应的端口电压，实现对电网潮流的调节。

DPFC 控制保护系统的基本结构如图 4-24 所示。

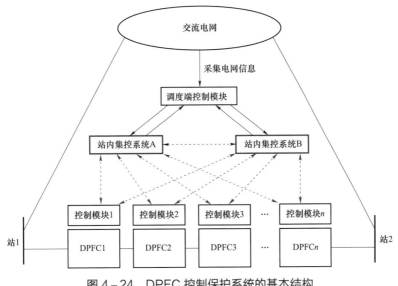

图 4-24 DPFC 控制保护系统的基本结构

4.3.1.2 集中控制层配置

1. 主机配置

DPFC 的集中控制和保护功能集成于一台装置，控制保护主机实现与调度控制层和每个模块的通信。I/O 系统采集带电检修区域的开关、刀闸信号，以及线路电流和母线电压，并通过现场总线传输给控制保护主机。

需要注意的是，对于双回线均配置 DPFC 设备的工程，两回线主机配置完全一致。

2. 冗余配置

为保证控制保护系统的可靠性，集中控制层采用冗余配置。冗余设计可保证当一个系统出现故障时，不会通过信号交换接口及装置的电源等将故障传播到另一个系统，可确保 DPFC 不会因为控制系统的单一故障而发生停运。冗余配置的范围从测量二次线圈开始，包括完整的测量回路，信号输入、输出回路，通信回路，集中控制保护主机与配套 I/O，以及所有相关的 DPFC 控制保护装置。

控制保护主机冗余一般采用双重化配置，采用完全冗余的两套系统。对于冗余的控制保护系统主机 A 和 B，一个处于运行状态，另一个处于备用状态，冗余主机之间通过相关通信介质互联，实现主机间通信。每一套系统对自身进行监视，发现故障后及时进行冗余系统间的切换，确保始终有完好的一套系统处于工作状态。A、B 两套系统均接收来自调度端的指令，并执行功率控制逻辑，且均下发电压指令值、电抗指令值、启动停运控制命令等数据至就地控制层的各级子模块控制模块。

控制保护主机的双重化结构可以保证装置的维修以及 DPFC 的调试、试验、运行有高度的灵活性，可以把由控制主机引起的 DPFC 的不可用率降到最低。

3. 通信接口

DPFC 控制保护系统的信息传输主要采用总线方式，且采用双重化的配置，总线方式包含 SCADA LAN 网、站层控制 LAN 网和现场控制总线。

SCADA LAN 网：连接所有主机与运行人员工作站等监视系统的网络。

站层控制 LAN 网：主机之间的通信网络。

现场控制 LAN 网：主机与下属的 I/O 层设备以及与各级串联子模块的通信网络。

需要注意的是，控制系统中任何总线、局域网络等通信或设备异常均应有事件记录。

通过上述三种总线方式，DPFC 控制保护主机可以实现与系统监视与控制层、现场 I/O 层设备、各级串联子模块的通信，以及冗余系统间和双回线控制保护主机间的通信。

（1）SCADA 通信。DPFC 控制保护主机通过 SCADA LAN 网与站内计算机监控系统及远动系统接口。运行人员可通过监控系统实时监视 DPFC 的运行状态和运行数据，也可以下发指令给控制系统进行启动与停运顺控操作、潮流控制模式切换与指令下发等操作。调度端也可通过远动系统实时监视 DPFC 的运行状态，并下发调度控制层指令。

控制保护系统不依赖 SCADA LAN 网，当网络中断时，系统仍能独立维持运行。

（2）主机与 I/O 通信。DPFC 控制保护主机与 I/O 层设备的通信信号通过现场总线传输，传输信号主要包括了现场一次设备上送的开关量和模拟量以及控制保护系统下发的开关量命令。其中，开关量包括了交流线路开关等控制保护逻辑所需的位置信号；模拟量则包括了交流母线电压、线路电流等。

I/O 层设备与现场一次设备间的接口采用硬接线方式，其通过硬接线直接和一次系统各设备通信。

（3）主机与串联模组通信。DPFC 控制保护主机与各级串联子模块的通信通过光缆方式连接，传输信号主要包括了控制保护系统下发给各级子模块的顺序控制操作命令和潮流控制指令，以及各级子模块上送给控制保护系统的运行状态信息。

（4）系统间通信。DPFC 控制保护主机 A 和 B 之间通过站层控制 LAN 的光纤通信，传输信号主要包括了主机运行状态、运行数据等信息，用于双系统间的配合运行及相互监视。

（5）双回线主机间通信。双回线控制保护主机间通过站层控制 LAN 的光纤通信，传输信号主要包括了双回线 DPFC 的运行状态和数据信息，以及双回线协调控制指令等。双回线主机间的通信是双回线协调控制执行的基础，因此双回线主机间通信通道需要多重冗余配置，以避免单通道故障对于双回线协调控制执行的影响。

以双回线 DPFC 工程为例，DPFC 站内集中控制层配置结构如图 4-25 所示。

4.3.2 控制保护功能配置

1. 控制功能

分布式潮流控制器的控制功能配置如下：

（1）潮流控制功能。潮流控制功能是分布式潮流控制器的基本功能，可配置功率控制、注入电压控制、电抗控制和断面限额控制四种控制模式。其中，功率控制将线路有功功率控制在指令值，注入电压控制将 DPFC 输出电压控制在指令值，电抗控制则将 DPFC 模组等效串入线路的电抗控制在指令值，断面限额控制则控制线路功率不超过限额值。

在 DPFC 运行过程中，上述四种控制模式之间可在线切换，切换过程应是平稳的，不应对 DPFC 系统运行造成扰动。

此外，潮流控制还包含线路过载控制等附加的调制控制，以提高系统性能。

（2）顺序控制功能。顺序控制功能是分布式潮流控制器系统运行的基本功能之一，主要涉及换流器的解/闭锁过程，包括了启动与停运、故障闭锁与重启、低电流停运与重启等功能。顺序控制功能应能够按照正确的顺序逻辑自动执行解/闭锁过程，需保证正常解/闭锁过程平稳且无较大扰动。

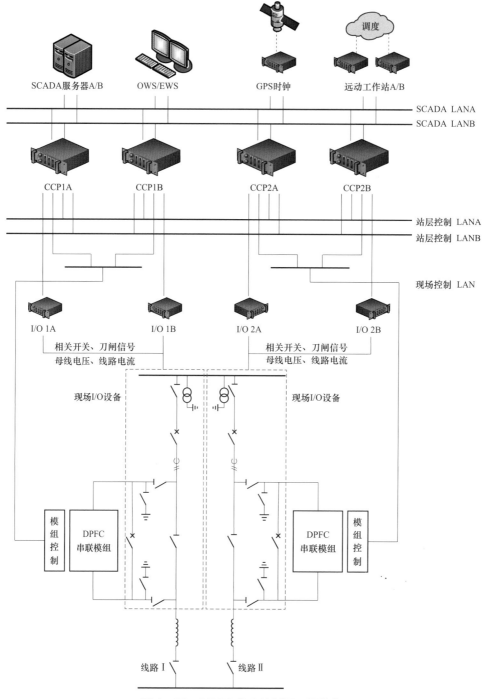

图 4-25 DPFC 集中控制层配置结构

（3）协调控制功能。分布式潮流控制器的协调控制主要包括了单回线相间协调控制和双（多）回线间协调控制，主要实现单回线三相间的均衡控制以及双（多）回线间的均衡控制。通过协调控制功能，可避免出现分布式潮流控制器三相不对称运行的情况，以及双（多）回线间产生较大环流的问题。

2. 保护功能

分布式潮流控制器的保护功能配置如下：

（1）保护动作功能。根据分布式潮流控制器的结构特性，为应对交流线路短路故障而配置了快速过电流保护，为应对交流线路长期过载而配置了过电流保护功能。

保护功能需要具备灵敏性和准确性，能够快速、准确地判断出故障。同时，保护动作需要具备快速性，在发生故障时快速将 DPFC 从线路中退出，避免线路电流过大而引起 DPFC 子模块的电力电子器件损坏。

（2）定值整定功能。分布式潮流控制器的保护定值可根据系统运行特性和需求调整和整定，保护定值的设置需要满足保护功能灵敏性和快速性的要求。

3. I/O 数据处理功能

分布式潮流控制器的控制保护系统配置了相应的 I/O 装置，用于获取现场一次系统运行数据，并对一次设备进行遥控操作。控制保护系统的 I/O 数据处理功能的配置如下：

（1）模拟量采样与数据处理。控制保护系统从配套 I/O 装置收取模拟量数据，并进行相应的数据处理，从而用于控制和保护功能的执行；

（2）开关量的开入与开出。控制保护系统从配套 I/O 装置收取开关量开入信息，在对各开入信号完成定义和处理后，应用于控制保护功能；同时，控制保护系统将开关的分合控制信号通过 I/O 装置发出，对现场一次设备进行操作。

4. 自监视与系统切换功能

控制保护系统采用了双重化冗余配置，正常运行期间，一个处于运行状态，另一个处于备用状态。通过自监视与系统切换功能，每一套系统可监视自身运行状态，在发现故障后及时进行冗余系统间的切换，保证有一套完好的系统处于工作状态。

（1）自监视功能。分布式潮流控制器的控制保护系统设置多种故障等级，包括轻微、严重和紧急等。其中，轻微故障指设备外围部件有轻微异常，对正常执行控制功能无任何影响的故障，但需加强监测并及时处理；严重故障指设备本身有较大缺陷，但仍可继续执行相关控制功能，需要尽快处理；紧急故障指设备关键部件发生了重大问题，已不能继续承担相关控制功能，需立即退出运行并进行处理。在定义故障性质时，不得随意扩大或缩小紧急故障的范围。

（2）系统切换功能。当分布式潮流控制器控制保护系统出现故障后，采用如下系统切换动作策略。

1）当运行系统发生轻微故障时，若另一系统处于备用状态且无任何故障，则系统切换；切换后，轻微故障系统将处于备用状态。

2）当运行系统发生轻微故障时，若另一系统处于备用状态，但同样处于轻微故障，此时系统不切换。

3）当运行系统发生严重故障时，若另一系统处于备用状态，且故障等级轻于严重故障，则系统切换；切换后，严重故障系统不能进入备用状态。

4）当运行系统发生严重故障，而另一系统不可用时，则严重故障系统可继续运行。

5）当运行系统发生紧急故障时，若另一系统处于备用状态，且故障等级轻于严重故障，则系统切换。切换后紧急故障系统不能进入备用状态。

6）当运行系统发生紧急故障，而另一系统不可用时，则下发 DPFC 闭锁退出命令。

7）当备用系统发生严重或紧急故障时，备用系统应退出备用状态。

5 分布式潮流控制器的建模与仿真技术

5.1 分布式潮流控制器稳态建模方法

5.1.1 分布式潮流控制器电压源模型

含 DPFC 系统的潮流计算是制定 DPFC 配置方案、分析 DPFC 效能的基础。由于 DPFC 对系统稳态潮流的作用仅与其所有子单元的总输出电压相关，所以，为了提高潮流计算效率，可以用一个受控电压源模拟 DPFC 的整体外部输出特性，等效电路如图 5-1 所示。

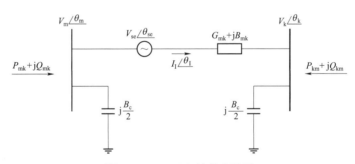

图 5-1 DPFC 等效电路图

图中各变量之间的关系如下：

线路电流 $\dot{I} = I \angle \theta_{\mathrm{l}}$，有

$$
\begin{aligned}
\dot{I} &= (V_{\mathrm{m}} \angle \theta_{\mathrm{m}} + V_{\mathrm{se}} \angle \theta_{\mathrm{se}} - V_{\mathrm{k}} \angle \theta_{\mathrm{k}})(G_{\mathrm{mk}} + \mathrm{j}B_{\mathrm{mk}}) \\
&= [(V_{\mathrm{m}} \cos \theta_{\mathrm{m}} + V_{\mathrm{se}} \cos \theta_{\mathrm{se}} - V_{\mathrm{k}} \cos \theta_{\mathrm{k}}) \\
&\quad + \mathrm{j}(V_{\mathrm{m}} \sin \theta_{\mathrm{m}} + V_{\mathrm{se}} \sin \theta_{\mathrm{se}} - V_{\mathrm{k}} \sin \theta_{\mathrm{k}})](G_{\mathrm{mk}} + \mathrm{j}B_{\mathrm{mk}})
\end{aligned}
\tag{5-1}
$$

令

$$
\begin{cases}
X = (V_{\mathrm{m}} \cos \theta_{\mathrm{m}} + V_{\mathrm{se}} \cos \theta_{\mathrm{se}} - V_{\mathrm{k}} \cos \theta_{\mathrm{k}}) \\
Y = (V_{\mathrm{m}} \sin \theta_{\mathrm{m}} + V_{\mathrm{se}} \sin \theta_{\mathrm{se}} - V_{\mathrm{k}} \sin \theta_{\mathrm{k}})
\end{cases}
\tag{5-2}
$$

则式（5-1）可表达为

$$
\dot{I} = (XG_{\mathrm{mk}} - YB_{\mathrm{mk}}) + \mathrm{j}(XB_{\mathrm{mk}} + YG_{\mathrm{mk}})
\tag{5-3}
$$

流入节点 m 的电流 $\dot{I}_{\mathrm{mk}}$ 与流入节点 k 的电流 $\dot{I}_{\mathrm{km}}$ 为

$$\dot{I}_{mk} = I + V_m \angle \theta_m \cdot j\frac{B_c}{2}$$
$$= \left(XG_{mk} - YB_{mk} - \frac{V_m B_c}{2}\sin\theta_m \right) + j\left(XB_{mk} + YG_{mk} + \frac{V_m B_c}{2}\cos\theta_m \right) \tag{5-4}$$

$$\dot{I}_{km} = -I + V_m \angle \theta_m \cdot j\frac{B_c}{2}$$
$$= \left(-XG_{mk} + YB_{mk} - \frac{V_k B_c}{2}\sin\theta_k \right) - j\left(XB_{mk} + YG_{mk} - \frac{V_k B_c}{2}\cos\theta_k \right) \tag{5-5}$$

进而可推出流入节点 m 的潮流为

$$P_{mk} = V_m[(XG_{mk} - YB_{mk})\cos\theta_m + (XB_{mk} + YG_{mk})\sin\theta_m]$$
$$= V_m^2 G_{mk} + V_m V_k[B_{mk}\sin(\theta_k - \theta_m) - G_{mk}\cos(\theta_k - \theta_m)] \tag{5-6}$$
$$+ V_m V_{se}[B_{mk}\sin(\theta_m - \theta_{se}) + G_{mk}\cos(\theta_m - \theta_{se})]$$

$$Q_{mk} = V_m[(XG_{mk} - YB_{mk})\sin\theta_m - (XB_{mk} + YG_{mk})\cos\theta_m] - \frac{V_m^2 B_c}{2}$$
$$= -V_m^2\left(B_{mk} + \frac{B_c}{2} \right) + V_m V_k[G_{mk}\sin(\theta_k - \theta_m) + B_{mk}\cos(\theta_k - \theta_m)] \tag{5-7}$$
$$+ V_m V_{se}[G_{mk}\sin(\theta_m - \theta_{se}) - B_{mk}\cos(\theta_m - \theta_{se})]$$

流入节点 k 的潮流为

$$P_{km} = V_k[(-XG_{mk} + YB_{mk})\cos\theta_k - (XB_{mk} + YG_{mk})\sin\theta_k]$$
$$= V_k^2 G_{mk} + V_m V_k[B_{mk}\sin(\theta_m - \theta_k) - G_{mk}\cos(\theta_m - \theta_k)] \tag{5-8}$$
$$- V_k V_{se}[B_{mk}\sin(\theta_k - \theta_{se}) + G_{mk}\cos(\theta_k - \theta_{se})]$$

$$Q_{km} = V_k[(-XG_{mk} + YB_{mk})\sin\theta_k + (XB_{mk} + YG_{mk})\cos\theta_k] - \frac{V_k^2 B_c}{2}$$
$$= -V_k^2\left(B_{mk} + \frac{B_c}{2} \right) + V_{se} V_k[B_{mk}\cos(\theta_m - \theta_k) + G_{mk}\sin(\theta_m - \theta_k)] \tag{5-9}$$
$$+ V_k V_{se}[B_{mk}\cos(\theta_k - \theta_{se}) - G_{mk}\sin(\theta_k - \theta_{se})]$$

当 DPFC 输出为零时（即 $V_{se} = 0$ 时），将此时流入节点 m 与节点 k 的有功功率潮流与无功功率潮流定义为含 DPFC 线路的自然潮流，其仅与节点电压幅值、相角相关，表达式为

$$\begin{cases} P_{mk0} = V_m^2 G_{mk} + V_m V_k[B_{mk}\sin(\theta_k - \theta_m) - G_{mk}\cos(\theta_k - \theta_m)] \\ Q_{mk0} = -V_m^2\left(B_{mk} + \frac{B_c}{2} \right) + V_m V_k[G_{mk}\sin(\theta_k - \theta_m) + B_{mk}\cos(\theta_k - \theta_m)] \end{cases} \tag{5-10}$$

$$\begin{cases} P_{km0} = V_k^2 G_{mk} + V_m V_k[B_{mk}\sin(\theta_m - \theta_k) - G_{mk}\cos(\theta_m - \theta_k)] \\ Q_{km0} = -V_k^2\left(B_{mk} + \frac{B_c}{2} \right) + V_{se} V_k[B_{mk}\cos(\theta_m - \theta_k) + G_{mk}\sin(\theta_m - \theta_k)] \end{cases} \tag{5-11}$$

提取式（5-1）中与 DPFC 输出电压幅值 V_{se}、相角 θ_{se} 相关的项，令

$$P_{\text{m.inj}} = -V_{\text{m}}V_{\text{se}}[B_{\text{mk}}\sin(\theta_{\text{m}} - \theta_{\text{se}}) + G_{\text{mk}}\cos(\theta_{\text{m}} - \theta_{\text{se}})] \tag{5-12}$$

$$Q_{\text{m.inj}} = -V_{\text{m}}V_{\text{se}}[G_{\text{mk}}\sin(\theta_{\text{m}} - \theta_{\text{se}}) - B_{\text{mk}}\cos(\theta_{\text{m}} - \theta_{\text{se}})] \tag{5-13}$$

$$P_{\text{k.inj}} = V_{\text{k}}V_{\text{se}}[B_{\text{mk}}\sin(\theta_{\text{k}} - \theta_{\text{se}}) + G_{\text{mk}}\cos(\theta_{\text{k}} - \theta_{\text{se}})] \tag{5-14}$$

$$Q_{\text{k.inj}} = V_{\text{k}}V_{\text{se}}[G_{\text{mk}}\sin(\theta_{\text{k}} - \theta_{\text{se}}) - B_{\text{mk}}\cos(\theta_{\text{k}} - \theta_{\text{se}})] \tag{5-15}$$

则流入节点 m 与节点 k 的潮流又可表达为

$$\begin{cases} P_{\text{mk}} = P_{\text{mk0}} - P_{\text{m.inj}} \\ Q_{\text{mk}} = Q_{\text{mk0}} - Q_{\text{m.inj}} \end{cases} \tag{5-16}$$

$$\begin{cases} P_{\text{km}} = P_{\text{km0}} - P_{\text{k.inj}} \\ Q_{\text{km}} = Q_{\text{km0}} - Q_{\text{k.inj}} \end{cases} \tag{5-17}$$

5.1.2　分布式潮流控制器功率注入模型

结合式（5−10）～式（5−17），可将图 5−1 所示的 DPFC 等效电路模型转换为图 5−2 所示的 DPFC 功率注入模型。

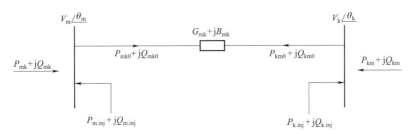

图 5−2　DPFC 功率注入模型

由图 5−2 可知，功率注入模型将含 DPFC 支路进行了结构变换，将等效为电压源的 DPFC 转化为向首末端节点注入附加功率的电源，保证系统导纳矩阵的维度与量值不变，同时使含 DPFC 的线路对外的潮流特性一致。

因为 DPFC 与线路交换的有功功率为 0，即满足

$$\text{Re}\left[\dot{V}_{\text{se}}\dot{I}_{\text{L}}^{*}\right] = 0 \tag{5-18}$$

由于 DPFC 的控制目标为线路有功功率潮流，当其设定值为 P_{set} 时，有

$$P_{\text{k.inj}} - P_{\text{km0}} + P_{\text{set}} = 0 \tag{5-19}$$

该式为判断含 DPFC 系统潮流收敛的附加约束条件。

含 DPFC 的潮流计算含两步迭代过程，传统潮流计算迭代过程称为主迭代，DPFC 串联电压求解过程称为子迭代。

定义导纳矩阵元素为

$$Y_{ij} = G_{ij} + \text{j}B_{ij} \tag{5-20}$$

节点功率不平衡度是主迭代计算收敛的标志，对于与 DPFC 没有关联的节点，其节点功率的不平衡量为

$$\Delta P_i = P_{si} - \sum_{j=1}^{n} V_i V_j (G_{ij} \cos \theta_{ij} + B_{ij} \sin \theta_{ij}) \tag{5-21}$$

$$\Delta Q_i = Q_{si} - \sum_{j=1}^{n} V_i V_j (G_{ij} \sin \theta_{ij} - B_{ij} \cos \theta_{ij}) \tag{5-22}$$

对于与 DPFC 关联的节点 m 与节点 k，其节点功率的不平衡量为

$$\Delta P_m = P_{m.inj} - \sum_{j=1}^{n} V_m V_j (G_{mj} \cos \theta_{mj} + B_{mj} \sin \theta_{mj}) \tag{5-23}$$

$$\Delta Q_m = Q_{m.inj} - \sum_{j=1}^{n} V_m V_j (G_{mj} \sin \theta_{mj} - B_{mj} \cos \theta_{mj}) \tag{5-24}$$

$$\Delta P_k = P_{k.inj} - \sum_{j=1}^{n} V_k V_j (G_{kj} \cos \theta_{kj} + B_{kj} \sin \theta_{kj}) \tag{5-25}$$

$$\Delta Q_k = Q_{k.inj} - \sum_{j=1}^{n} V_k V_j (G_{kj} \sin \theta_{kj} - B_{kj} \cos \theta_{kj}) \tag{5-26}$$

式中：P_{si}、Q_{si} 分别为第 i 个 PQ 节点的注入有功功率与无功功率设定值。

因为与 DPFC 关联节点的节点功率不平衡度表达式与传统潮流计算不一样，所以雅可比矩阵中的相关元素需进行部分修改，具体修改如下

$$
\begin{cases}
H_{mm} = \dfrac{\partial \Delta P_m}{\partial \theta_m} = -V_m V_{se}[B_{mk} \cos(\theta_m - \theta_{se}) - G_{mk} \sin(\theta_m - \theta_{se})] + V_m^2 B_{mm} + Q_m \\[2mm]
N_{mm} = V_m \dfrac{\partial \Delta P_m}{\partial V_m} = -V_m V_{se}[G_{mk} \cos(\theta_m - \theta_{se}) + B_{mk} \sin(\theta_m - \theta_{se})] - V_m^2 G_{mm} - P_m \\[2mm]
K_{mm} = \dfrac{\partial \Delta Q_m}{\partial \theta_m} = -V_m V_{se}[G_{mk} \cos(\theta_m - \theta_{se}) + B_{mk} \sin(\theta_m - \theta_{se})] + V_m^2 G_{mm} - P_m \\[2mm]
L_{mm} = V_m \dfrac{\partial \Delta Q_m}{\partial V_m} = -V_m V_{se}[G_{mk} \sin(\theta_m - \theta_{se}) - B_{mk} \cos(\theta_m - \theta_{se})] + V_m^2 B_{mm} - Q_m \\[2mm]
H_{kk} = \dfrac{\partial \Delta P_k}{\partial \theta_k} = -V_k V_{se}[B_{mk} \sin(\theta_k - \theta_{se}) - G_{mk} \sin(\theta_k - \theta_{se})] + V_k^2 B_{kk} + Q_k \\[2mm]
N_{kk} = V_m \dfrac{\partial \Delta P_k}{\partial V_k} = -V_k V_{se}[G_{mk} \cos(\theta_k - \theta_{se}) + B_{mk} \sin(\theta_k - \theta_{se})] - V_k^2 G_{kk} - P_k \\[2mm]
K_{kk} = \dfrac{\partial \Delta Q_k}{\partial \theta_k} = V_k V_{se}[G_{mk} \cos(\theta_k - \theta_{se}) + B_{mk} \sin(\theta_k - \theta_{se})] + V_k^2 G_{kk} - P_k \\[2mm]
L_{kk} = V_m \dfrac{\partial \Delta Q_k}{\partial V_k} = V_k V_{se}[G_{mk} \sin(\theta_k - \theta_{se}) - B_{mk} \cos(\theta_k - \theta_{se})] + V_k^2 B_{kk} - Q_k
\end{cases} \tag{5-27}
$$

其中

$$\begin{cases} B_{\mathrm{mm}} = B_{\mathrm{kk}} = \dfrac{B_{\mathrm{c}}}{2} \\[2mm] G_{\mathrm{mm}} = G_{\mathrm{kk}} = 0 \\[2mm] P_{\mathrm{m}} = V_{\mathrm{m}} \displaystyle\sum_{j=1}^{n} V_j (G_{\mathrm{m}j}\cos\delta_{\mathrm{m}j} + B_{\mathrm{m}j}\sin\delta_{\mathrm{m}j}) \\[3mm] P_{\mathrm{k}} = V_{\mathrm{k}} \displaystyle\sum_{j=1}^{n} V_j (G_{\mathrm{k}j}\cos\delta_{\mathrm{k}j} + B_{\mathrm{k}j}\sin\delta_{\mathrm{k}j}) \\[3mm] Q_{\mathrm{m}} = V_{\mathrm{m}} \displaystyle\sum_{j=1}^{n} V_j (G_{\mathrm{m}j}\sin\delta_{\mathrm{m}j} - B_{\mathrm{m}j}\cos\delta_{\mathrm{m}j}) \\[3mm] Q_{\mathrm{k}} = V_{\mathrm{k}} \displaystyle\sum_{j=1}^{n} V_j (G_{\mathrm{k}j}\sin\delta_{\mathrm{k}j} - B_{\mathrm{k}j}\cos\delta_{\mathrm{k}j}) \end{cases} \tag{5-28}$$

根据式（5-22）的要求修正雅可比矩阵的对应元素，可得潮流修正方程为

$$\begin{bmatrix} \Delta P \\ \Delta Q \end{bmatrix} = \begin{bmatrix} H & N \\ J & L \end{bmatrix} \begin{bmatrix} \Delta\theta \\ \Delta V / V \end{bmatrix} \tag{5-29}$$

通过式（5-29）即可求取系统状态参数的修正量，实现对系统状态参数的迭代求解。附加注入功率的不平衡量 $\Delta P_{\mathrm{k.inj}}$ 是子迭代收敛的标志，其可由式（5-30）求解。

$$\Delta P_{\mathrm{k.inj}} = P_{\mathrm{km0}} - P_{\mathrm{set}} - P_{\mathrm{k.inj}} \tag{5-30}$$

式（5-18）的约束表明，θ_{se} 与 θ_{l} 相差 $90°$，则有

$$\begin{cases} \Delta\theta_{\mathrm{l}} = \Delta\theta_{\mathrm{se}} \\ \theta_{\mathrm{se}} = \theta_{\mathrm{l}} \pm 90° \end{cases} \tag{5-31}$$

由于式（5-29）～式（5-31）可求得 $\Delta P_{\mathrm{k.inj}}$、$\Delta V_{\mathrm{k}}$、$\Delta\theta_{\mathrm{k}}$ 及 $\Delta\theta_{\mathrm{se}}$，因此可采取式（5-32）作为 DPFC 输出电压的修正方程，求取 DPFC 输出电压的修正量 ΔV_{se}，进而实现对 DPFC 输出电压的迭代求解。

$$\Delta P_{\mathrm{k.inj}} = \frac{\partial \Delta P_{\mathrm{k.inj}}}{\partial V_{\mathrm{se}}} \Delta V_{\mathrm{se}} + \frac{\partial \Delta P_{\mathrm{k.inj}}}{\partial \theta_{\mathrm{se}}} \Delta\theta_{\mathrm{se}} + \frac{\partial \Delta P_{\mathrm{k.inj}}}{\partial V_{\mathrm{k}}} \Delta V_{\mathrm{k}} + \frac{\partial \Delta P_{\mathrm{k.inj}}}{\partial \theta_{\mathrm{k}}} \Delta\theta_{\mathrm{k}} \tag{5-32}$$

5.1.3 含分布式潮流控制器的潮流计算步骤

进行含 DPFC 的潮流计算，首先要输入网络的原始数据以及各节点的给定值，并形成节点导纳矩阵，然后进行初始化：

（1）给定系统状态变量的初值和 DPFC 输出电压初值 $V_{\mathrm{se}}^{(0)} = 0$。

（2）由式（5-1）计算流过等效串联电源的电流相角 $\theta_{\mathrm{l}}^{(0)}$，DPFC 输出电压相角的初值为 $\theta_{\mathrm{se}}^{(0)} = \theta_{\mathrm{l}}^{(0)} \pm 90°$。

随后开始迭代计算，在进行第 $k+1$ 次迭代时，其计算步骤如下：

（3）将上一次迭代算出的系统状态变量 $V^{(k)}$、$\theta^{(k)}$ 与 DPFC 输出电压变量 $V_{\mathrm{se}}^{(k)}$、$\theta_{\mathrm{se}}^{(k)}$，代入式（5-12）～式（5-15），分别计算得到注入的附加功率 $P_{\mathrm{m.inj}}^{(k)}$、$Q_{\mathrm{m.inj}}^{(k)}$、$P_{\mathrm{k.inj}}^{(k)}$、$Q_{\mathrm{k.inj}}^{(k)}$。

（4）利用式（5-21）～式（5-26）计算系统各节点的功率不平衡量 $\Delta P_i^{(k)}$、$\Delta Q_i^{(k)}$，并按 $\max\left\{\left|\Delta P_i^{(k)}, \Delta Q_i^{(k)}\right|\right\} < \varepsilon_1$ 校验主迭代是否收敛，定义变量 A 储存校验结果：若收敛，

则将 A 置 1，并跳至步骤（6）；若不收敛，则将 A 置 0。

（5）求解式（5-29）所示的修正方程式，得到系统状态变量修正量 $\Delta V^{(k)}$ 与 $\Delta\theta^{(k)}$，根据系统状态变量修正量,计算系统状态变量新值：$V^{(k+1)}=V^{(k)}+\Delta V^{(k)}$，$\theta^{(k+1)}=\theta^{(k)}+\Delta\theta^{(k)}$。

（6）由 $V^{(k+1)}$、$\theta^{(k+1)}$，利用式（5-11）计算 $P_{\mathrm{km0}}^{(k+1)}$，由式（5-30）计算得 $\Delta P_{\mathrm{k.inj}}^{(k)}$，并按 $\left|\Delta P_{\mathrm{k.inj}}^{(k)}\right|<\varepsilon_2$ 校验子迭代是否收敛，定义变量 B 储存校验结果：若收敛，则将 B 置 1，并跳过步骤（7）和（8）；若不收敛，则将 B 置 0。

（7）由 $V_{\mathrm{se}}^{(k)}$、$\theta_{\mathrm{se}}^{(k)}$、$V^{(k+1)}$、$\theta^{(k+1)}$，利用式（5-1）计算流过等效串联电源的电流相角新值 $\theta_{\mathrm{I}}^{(k+1)}$，计算等效串联电源电压的相角新值 $\theta_{\mathrm{se}}^{(k+1)}=\theta_{\mathrm{I}}^{(k+1)}\pm90°$，进而计算等效串联电源电压的相角修正量 $\Delta\theta_{\mathrm{se}}^{(k)}=\theta_{\mathrm{se}}^{(k+1)}-\theta_{\mathrm{se}}^{(k)}$。

（8）将 $\Delta V^{(k)}$、$\Delta\theta^{(k)}$、$\Delta\theta_{\mathrm{se}}^{(k)}$ 以及 $\Delta P_{\mathrm{k.inj}}^{(k)}$ 代入至式（5-14）并计算出 $\Delta V_{\mathrm{s}}^{(k)}$，进而计算出 V_{se} 的新值 $V_{\mathrm{se}}^{(k+1)}=V_{\mathrm{se}}^{(k)}+\Delta V_{\mathrm{se}}^{(k)}$。

其中，步骤（3）、（4）、（5）为主迭代过程，步骤（6）、（7）、（8）为子迭代过程，具体计算流程如图 5-3 所示。

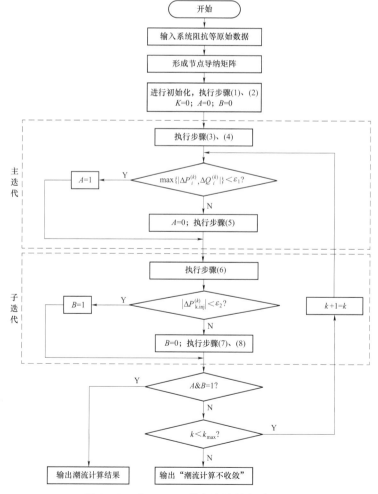

图 5-3 含 DPFC 的潮流计算的流程图

若 A 与 B 同时为 1，表示主迭代与子迭代均已收敛，输出潮流计算结果；若 A 与 B 不同时为 1，表示主迭代或子迭代未收敛，需继续进行迭代计算，但如果此时迭代次数已超过设定的最大迭代次数，则输出"潮流计算不收敛"。

(5.2) 分布式潮流控制器机电暂态建模方法

由于 DPFC 换流器所采用的电压源型换流器响应速度快，因此，在进行电力系统机电暂态分析时，为了方便分析，DPFC 机电暂态模型可忽略 DPFC 子单元换流器内部开关的暂态过程，将由 DPFC 控制器输出的调制信号输出至受控电压源，以此模拟 DPFC 对外部系统的动态特性，如图 5−4 所示。

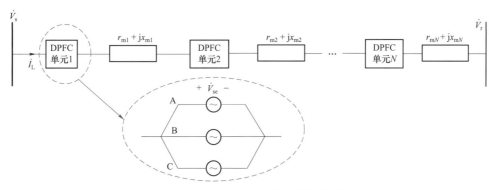

图 5−4　DPFC 机电暂态等值模型

图中 $\dot{V}_{se}$ 为 DPFC 单元输出的交流电压，$r_{mi} + jx_{mi}$ 为线路阻抗，$\dot{I}_L$ 为线路电流，$\dot{V}_s$ 和 $\dot{V}_r$ 分别是线路首末端电压。

5.2.1　DPFC 一次回路机电暂态模型

对于单个 DPFC 单元而言，忽略 DPFC 换流器损耗，直流电容所存储的能量变化量为 DPFC 单元注入系统的有功功率，即

$$\frac{d}{dt}\left(\frac{1}{2}C_{dc}V_{dc}^2\right) = C_{dc}V_{dc}\frac{dV_{dc}}{dt} = \sum \mathrm{Re}(\dot{V}_{se}\dot{I}_L^*) \qquad (5-33)$$

式中：V_{dc} 为 DPFC 单元直流侧正负极之间的直流电压，C_{dc} 为 DPFC 直流侧正负极之间的电容值，$\dot{V}_{se}$ 是 DPFC 单元的输出电压。

如图 5−5 所示，设 $\dot{I}_L = I_L \angle \delta_1$，$\dot{V}_{se} = V_{se} \angle \delta_2$，将同步旋转坐标系的 d 轴定向于线路电流 $\dot{I}_L$，于是可以通过式（5−34）和式（5−35）将线路电流 $\dot{I}_L$ 和 $\dot{V}_{se}$ 转化至 dq 坐标系。

$$\begin{cases} I_{Ld} = I_L \\ I_{Lq} = 0 \end{cases} \qquad (5-34)$$

103

$$\begin{cases} V_{sed} = V_{se}\cos(\delta_2 - \delta_1) \\ V_{seq} = V_{se}\sin(\delta_2 - \delta_1) \end{cases} \qquad (5-35)$$

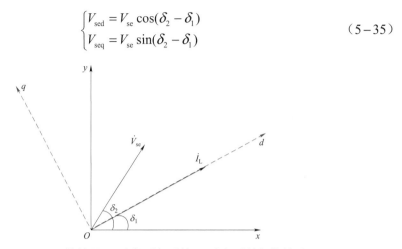

图 5-5　DPFC 换流器 dq 坐标系与系统 xy 坐标系的相位关系

于是，式（5-33）可以转化为式（5-36），即为 DPFC 一次电路的机电暂态方程。

$$C_{dc}V_{dc}\frac{\mathrm{d}V_{dc}}{\mathrm{d}t} = \frac{1}{2}V_{sed}I_{Ld} \qquad (5-36)$$

5.2.2　DPFC 控制器模型

DPFC 换流器的控制目标为维持直流电容电压恒定和调整线路的有功功率，因此选择 dq 解耦控制方法，其中 d 轴分量用于控制直流电容电压，q 轴分量用于线路有功潮流的控制。DPFC 换流器控制系统的结构框图如图 5-6 所示，图中 V_{dci} 和 P_L 分别为第 i 个 DPFC 单元换流器直流电容电压和线路有功功率的测量值，V_{dci}^* 和 P_L^* 为相应的给定值，V_{sedi}^* 和 V_{seqi}^* 为第 i 个 DPFC 单元输出电压 $\dot{V}_{sei}$ 在同步旋转坐标轴下的 d 轴和 q 轴分量，V_{sexi} 和 V_{seyi} 为得到第 i 个 DPFC 单元输出电压 $\dot{V}_{sei}$ 在 xy 坐标轴下的 x 轴和 y 轴分量。

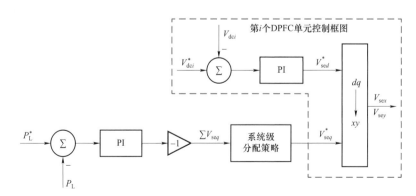

图 5-6　DPFC 机电模型控制框图

系统级分配策略常采用均分策略，即每个 DPFC 单元都承担相同的 V_{seq}，因此由控制框图可以得到式（5-37）。

$$\begin{cases} V_{\text{sed}i}^* = \left(K_{\text{p}1} + \dfrac{K_{i1}}{s} \right)(V_{\text{dc}i}^* - V_{\text{dc}i}) \\ V_{\text{seq}i}^* = \dfrac{1}{n}\sum V_{\text{seq}} = -\dfrac{1}{n}\left(K_{\text{p}2} + \dfrac{K_{i2}}{s} \right)(P_{\text{L}}^* - P_{\text{L}}) \end{cases} \qquad (5-37)$$

式中：$K_{\text{p}1}$、$K_{\text{s}1}$、$K_{\text{p}2}$、$K_{\text{s}2}$ 分别为 2 个 PI 控制器的比例常数和积分常数；n 为安装的 DPFC 单元的个数，可以通过式（5-38）将 $V_{\text{sed}i}^*$ 和 $V_{\text{seq}i}^*$ 变换为 $V_{\text{sex}i}$ 和 $V_{\text{sey}i}$。

得到 $V_{\text{sex}i}$ 和 $V_{\text{sey}i}$ 即可计算 DPFC 输出电压 $\dot{V}_{\text{se}}$ 的幅值和相角

$$\begin{cases} V_{\text{sex}i} = V_{\text{sed}i}^* \cos\delta_1 - V_{\text{seq}i}^* \sin\delta_1 \\ V_{\text{sey}i} = V_{\text{sed}i}^* \sin\delta_1 + V_{\text{seq}i}^* \cos\delta_1 \end{cases} \qquad (5-38)$$

5.3 分布式潮流控制器电磁暂态建模与仿真技术

电力系统电磁暂态仿真可以分为离线仿真与在线实时仿真。电力系统电磁暂态离线仿真工具主要有 PSCAD/EMTDC、MATLAB/SIMULINK 等，实时仿真工具主要包括 ADPSS、RTDS、HYPERSIM 等。其中，PSCAD/EMTDC 是世界上广泛使用的电磁暂态仿真软件，EMTDC 是其仿真计算核心，PSCAD 为 EMTDC 提供图形操作界面。最早版本的 EMTDC 由加拿大 Dennis Woodford 博士于 1976 年在曼尼托巴水电局开发完成。PSCAD/EMTDC 采用时域分析求解完整的电力系统及微分方程（包括电磁和机电两个系统），仿真结果非常精确。PSCAD 可建立自定义模块，新模块可以由元件库里提供的模块组合形成，也可采用 FORTRAN 语言编写，操作便捷。本节基于 PSCAD/EMTDC 软件介绍 DPFC 的电磁暂态建模仿真技术。

DPFC 子单元容量较小，不需要采用 MMC 拓扑，因此其电磁暂态模型相比于 UPFC 更为简单。DPFC 的电磁暂态仿真模型包括 DPFC 一次系统详细开关模型与 DPFC 控制系统模型，如图 5-7 所示。

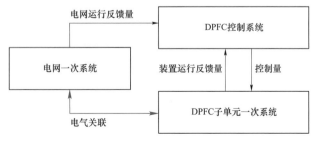

图 5-7　DPFC 电磁暂态模型组成

DPFC 的一次系统模型、控制系统模型均可利用 PSCAD 自带的元件库及其自定义模块功能实现。

本节采用的系统结构如图 5−8 所示。具体参数如下：首端电压 U_s 有效值为 112.75kV、末端电压 U_r 有效值为 110kV，首末端电压相位差为 6°；首末端电源等效内阻抗分别为 $Z_1=j0.0628\Omega$、$Z_4=j0.0314\Omega$，根据实际工程数据，导线型号为 LGJ−400，线路 L_1 长度为 15km，线路 L_2 长度为 20km，因此 $Z_2=1.185+j5.79\Omega$，$Z_3=1.58+j7.718\Omega$；DPFC 安装在线路 L_2 上，通过耦合变压器接入线路，A、B、C 相均有 6 个 DPFC 单元，共 18 个；单个单元容量为 0.15MVA，耦合变压器变比均为 1:10。

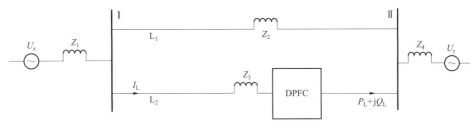

图 5−8　仿真系统结构图

5.3.1　潮流控制仿真

DPFC 投入前，系统潮流自然分布，L2 线路末端初始潮流为 161.7−j2.61MVA（单相潮流为 53.9−j0.87MVA），DPFC 装置总容量为 0.15×6×3=2.7MVA。由于 DPFC 装置容量较小，故潮流调节范围设置为 ±10% 线路初始潮流。0.3s 时，DPFC 电容充电控制模块投入，以斜坡输入方式进行电容电压给定，电容电压给定值为 2kV；1s 时，潮流控制模块投入，设定线路潮流目标值为 59.3MW（单相）；1.5s 时，将线路潮流目标值改为 48.5MW。仿真结果如图 5−9 所示。

由仿真结果可见，DPFC 电容电压经 0.2s 即可达到给定值，且在后续潮流控制过程中，电容电压波动值最大约±20V，占电容电压给定值的 1%；1s 时开始进行潮流调控，约经 0.1s 线路单相有功功率由初始值 53.9MW 达到给定值 59.3MW，无功功率由−0.87Mvar 变为−2.2Mvar，线路电流由 1.20kA 变为 1.32kA，DPFC 等效补偿电压幅值为 0.94kV，其相位滞后线路电流 90°，单相 DPFC 装置吸收的总无功功率为−0.615Mvar。若忽略装置损耗，则在上调 10% 线路初始潮流的范围内，DPFC 有功调节系数 $K_{se}=-\Delta P_L/\Delta S_{se}=8.78\,\text{MW/Mvar}$。1.5s 时，线路潮流目标值设定为 48.5MW，约经 0.2s 线路 L2 末端有功功率达到给定值，线路电流、无功功率也相应改变，DPFC 等效补偿电压幅值为 1.03kV，其相位超前线路电流 90°，单相 DPFC 装置吸收的总无功功率为 0.56Mvar。若忽略装置损耗，则在下调 10% 线路初始潮流的范围内，DPFC 有功调节系数 $K'_{se}=-\Delta P_L/\Delta S_{se}=9.64\,\text{MW/Mvar}$。

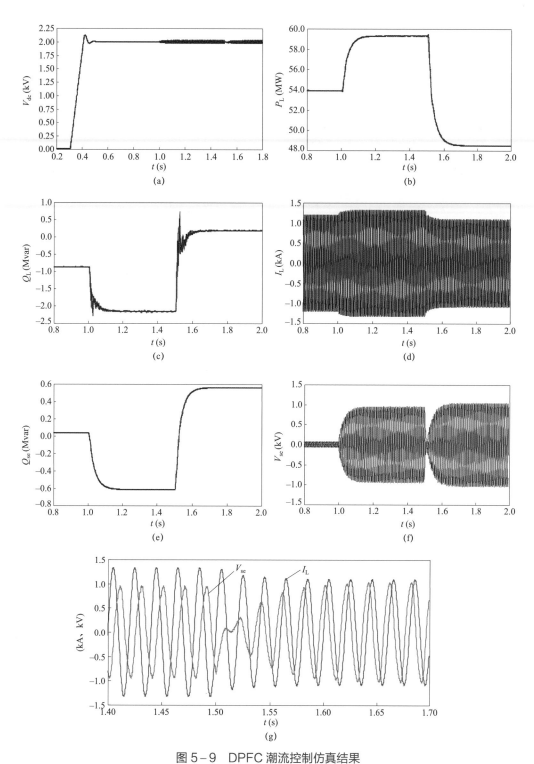

图 5-9 DPFC 潮流控制仿真结果

（a）电容电压；（b）支路 L2 末端单相有功功率；（c）支路 L2 末端单相无功功率；（d）支路 L2 电流；
（e）单相 DPFC 总吸收无功功率；（f）单相 DPFC 总等效补偿电压；（g）L2 线路电流与 DPFC 补偿电压

5.3.2 新能源消纳仿真

新能源消纳问题主要存在于配电网系统，因此将图 5-8 所示的系统进行一些修改，如图 5-10 所示。将末端电源改为负荷 1，其额定电压为 110kV，额定功率为图 5-8 所示系统的初始功率，即 378-j6.2MVA；新能源电源在节点Ⅲ处并网，其额定功率为 40MW，负荷 2 经 110kV：10kV 变压器接于节点Ⅲ，额定电压为 10kV，额定功率为 10MW。

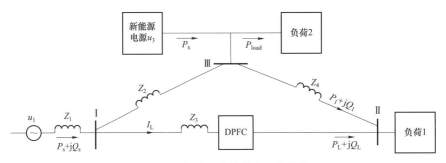

图 5-10 新能源消纳仿真系统结构图

设Ⅲ—Ⅱ支路最大允许输送容量为 220MW，Ⅰ—Ⅱ支路最大允许输送容量为 180MW。1s 时新能源电源并网，1.5s 时 DPFC 潮流控制模块运行，仿真结果如图 5-11 所示。

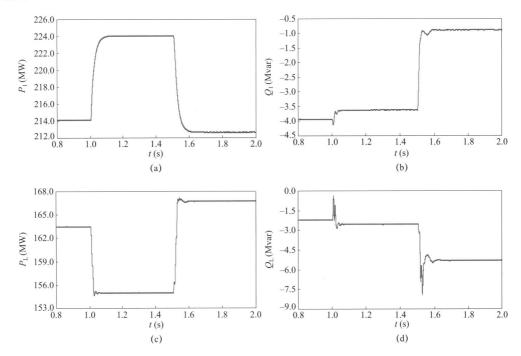

图 5-11 DPFC 新能源消纳促进的仿真结果（一）

（a）Ⅲ—Ⅱ支路末端有功功率；（b）Ⅲ—Ⅱ支路末端无功功率；（c）Ⅰ—Ⅱ支路末端有功功率；（d）Ⅰ—Ⅱ支路末端无功功率

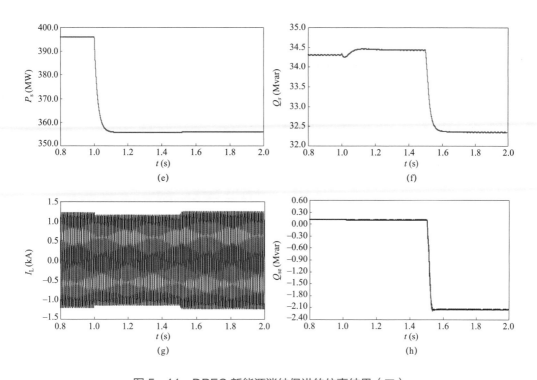

图 5-11 DPFC 新能源消纳促进的仿真结果（二）

（e）系统首端有功功率；（f）系统首端无功功率；（g）Ⅰ—Ⅱ支路电流；（h）DPFC 总吸收无功功率

由仿真结果可见，当无 DPFC 时，新能源电源投入会使得系统潮流重新分配，理论上新能源电源可以全部输出，但此时Ⅲ—Ⅱ支路会过载，达到 224MW。在实际应用中，为保证线路的安全运行，将减少新能源出力，也就是弃风弃光；但若系统配备了 DPFC，若新能源并网点在 DPFC 所在支路，则 DPFC 可通过前述潮流控制以避免所在线路过载；若新能源并网点在其他支路（也就是本试验的仿真场景），DPFC 可以通过转移潮流，提高系统潮流均衡性，实现新能源消纳促进。由仿真结果可见，1.5s 时，DPFC 通过潮流转移，使得Ⅲ—Ⅱ支路的有功功率为 212.5MW，Ⅰ—Ⅱ支路的有功功率为 166MW，两条线路输送容量均在允许范围内，新能源电源可以被完全消纳。此外，DPFC 使用容量为 2.1Mvar，潮流转移量为 11.5MW，具有良好的潮流转移特性。

5.3.3 故障仿真

仿真系统与图 5-8 所示系统一致，故障点在节点Ⅱ，故障类型为 A 相接地故障，故障时间为 2s，持续时间为 0.1s。假设 DPFC 阀侧晶闸管旁路开关 TBS 在故障后 5ms 触发导通，且 IGBT 信号对应闭锁。仿真结果如图 5-12 所示。

由仿真结果可见，故障切除后，DPFC 可快速恢复正常运行状态。

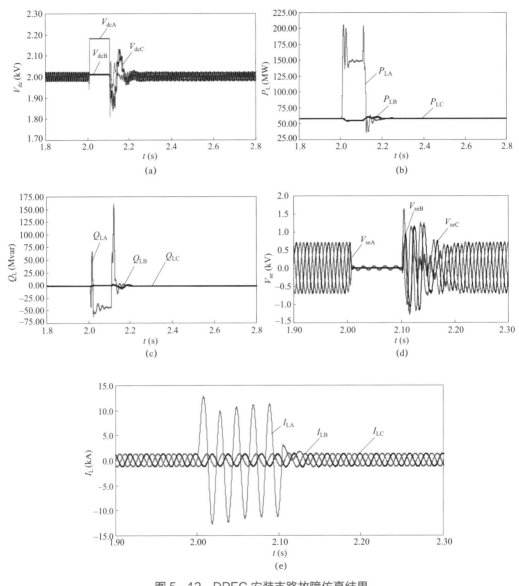

图 5-12　DPFC 安装支路故障仿真结果

（a）电容电压；（b）支路 L2 末端有功功率；（c）支路 L2 末端无功功率；
（d）单相 DPFC 总等效补偿电压；（e）支路 L2 电流

参考文献

［1］ Shin H，Chae S H，Kim E H.Design of microgrid protection schemes using PSCAD/EMTDC and ETAP programs［J］. Energies，2020，13（21）：5784.

［2］ 林思齐，熊永新，姚伟，等. 基于 MATLAB/Simulink 的新一代电力系统动态仿真工具箱［J］. 电网技术，2020，44（11）：4077-4088.

［3］ Cai Pucheng，Wang Xiang，Wen Jinyu.Modelling and control of a back-to-back MMC-HVDC system using ADPSS［J］. The Journal of Engineering，2019，16.

［4］夏天华，马骏超，黄弘扬，等. 基于 RTDS 硬件在环测试的 SVG 控制器参数辨识［J］. 电力系统保护与控制，2020，48（13）：110 − 116.

［5］杨立敏，朱艺颖，郭强，等. 基于 HYPERSIM 的柔性直流输电系统数模混合仿真建模及试验［J］. 电网技术，2020，44（11）：4055 − 4062.

⑥ 分布式潮流控制器的过电压与绝缘配合

过电压与绝缘配合是分布式潮流控制器相关研究的关键技术之一，直接影响设备或器件的设计和选型，进而影响其安全稳定运行。目前，几乎没有关于分布式潮流控制器绝缘配合的公开文献。分布式潮流控制器的过电压与绝缘配合，需要考虑系统运行环境和设备的耐受能力，最终确定绝缘水平。

本章首先介绍典型分布式潮流控制器的主电路和避雷器布置；然后结合类似产品的工程经验，阐述绝缘配合的基本目标和流程；随后提出绝缘配合所需的输入条件，并结合实际工程进行详细介绍；最后，以实际工程为例，通过电磁暂态过程仿真进行过电压分析，确定设备绝缘耐受电压、净距和爬距。

6.1 典型分布式潮流控制器避雷器布置图和相应符号

图 6-1 和图 6-2 给出了典型的杆塔悬挂式分布式潮流控制器和站内平台式分布式潮流控制器的单线图，涵盖了可能布置的避雷器。图 6-1、图 6-2 中设计的符号说明见表 6-1。根据具体工程，可适当删减或增加某种类型的避雷器。

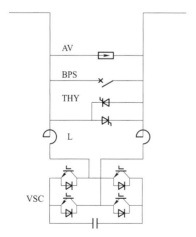

图 6-1 杆塔悬挂式分布式潮流控制器避雷器布置

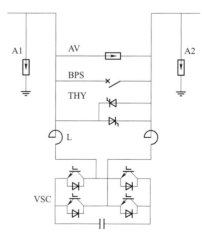

图 6-2 站内平台式分布式潮流控制器避雷器布置

图 6-1 和图 6-2 中，A1、A2 线路避雷器，AV 端间避雷器，BPS 旁路开关，VSC 换流器，L 电抗器，THY 旁路晶闸管。

表 6-1　　　　　　　　　　符　号　说　明

符号	说明
	VSC 换流阀（换流单元）
▭▷	避雷器
G	电抗器
✕	旁路开关
◁	旁路晶闸管

6.2　绝缘配合目标和流程

6.2.1　绝缘配合的基本目标

（1）确定分布式潮流控制器装置中不同器件或设备实际可能承受的最大稳态、暂态和瞬态过电压水平；

（2）选择器件或设备的绝缘强度和特性，包括过电压保护装置的特性，以保证设备在上述过电压下能够安全、经济和可靠运行。

6.2.2　绝缘配合的基本流程

（1）选择分布式潮流控制器的电气拓扑结构，比如子单元是否包含旁路晶闸管、旁路电抗器等；

（2）计算分析分布式潮流控制器各器件或设备的实际可能出现的各种过电压，确定不同的典型过电压；

（3）选择器件或设备的绝缘强度，分析各器件或设备的实际过电压耐受能力，根据分析结果配置过电压保护装置（主要为无间隙金属氧化物避雷器）；

（4）确定所避雷器保护水平、配合电流和能量等具体参数；

（5）反复调整器件或设备的绝缘耐受水平与避雷器的参数，从而优化绝缘配合设计。

6.3 绝 缘 配 合 输 入 条 件

分布式潮流控制器绝缘配合的输入条件包括环境及运行条件、设备电气主接线、各器件电压电流耐受水平和基本的控制保护策略。

6.3.1 环境及运行条件

根据实际工程的环境条件和线路条件确定。环境条件中的污秽等级影响爬电距离的选取。线路电压等级影响线路避雷器 A1、A2 的配置以及绝缘平台的绝缘水平选取。

6.3.2 电气拓扑结构

电气拓扑结构包括电气一次接线、主设备参数、运行方式及运行特性等。

6.3.3 器件或设备电气应力耐受水平

根据分布式潮流控制器运行方式和运行特性，先初步确定器件或设备的主要绝缘性能参数，包括各种典型电压波形的耐受水平。然后，绝缘配合的主要目的由器件或设备绝缘强度的选取变更为器件或设备绝缘强度的校核，若超过选取器件或设备的最高绝缘耐受水平，则需采取相应的保护措施，如增加过电压保护装置等，将器件或设备可能出现的各种过电压限制在可耐受的水平。

以杭州 DPFC 示范工程为例，直流电容瞬态电压耐受能力为 1.8kV/10s（1.2kV×1.5），IGBT 瞬态电压耐受能力为 1.7kV、瞬态电流耐受能力为 5.6kA（2.8kA×2），二极管瞬态电压耐受能力为 1.7kV、瞬态电流耐受能力为 14kA，晶闸管瞬态电压耐受能力为 4.5kV、瞬态电流耐受能力为 100kAp−50kArms/100ms、通态电流临界上升率为 200A/μs。

6.3.4 控制策略和保护配置

控制策略和保护配置基本决定了不配置避雷器时，器件或设备实际可能出现的各种过电压水平。因此，分布式潮流控制器的绝缘配合需要在完整正确的控制策略和保护配置前提下开展。

以杭州 DPFC 示范工程为例，保护配置如下：IGBT 过流保护、交流端口电压过压保护、线路电流软件过流保护、交流端口电压软件过压保护、直流电容电压软件过压保护。

6.4 过电压与绝缘配合

在输入条件已知的前提下，对各种工况（包含正常运行、正常投退、故障投退、故障延时响应等）进行过电压应力校核，获取各个器件的过电压水平。然后，结合各器件电压耐受水平及配合系数，评估器件是否能够可靠耐受电气应力。评估是否需要配置合适的氧化锌避雷器（MOV）等保护型设备，从而将各设备的实际过电压水平限制在期望的数值以内。最后，结合环境及系统运行条件，根据 GB/T 16935.1—2008《低压系统内设备的绝缘配合 第 1 部分：原理、要求和试验》等相关标准，针对各个典型间隙选取合适的空气间隙和爬电距离。

6.4.1 过电压分析

以杭州 DPFC 示范工程为例，未配置避雷器时，分布式潮流控制器 1800A 单级模块正常运行、正常投退、故障（线路短路故障、分布式潮流控制器内部各种短路或开路故障）投退过程中一般通过配置合适的保护逻辑，确保器件或设备实际可能出现的各种过电压在期望的水平。关于线路短路故障的分析见 6.4.1.1。

由于分布式潮流控制器装置串联在 220kV 线路中，当线路遭受雷击，雷电冲击电流进入分布式潮流控制器装置时保护来不及动作，需要配置 MOV 实现快速动作，限制分布式潮流控制器模块内部的电压和电流。DL/T 620—2016 根据《交流电气装置的过电压保护和绝缘配合》的表 C5，220kV 双避雷线线路，雷击杆塔时的耐雷水平为 76~110kA，在绝缘配合仿真计算中雷电流峰值取 110kA、波形为 2.6/50μs。在雷电流冲击工况下，DPFC 故障来不及投退而无法及时保护动作，雷电流工况下各器件过电压分析见 6.4.1.2。

6.4.1.1 线路短路故障过电压

根据以往工程数据及系统计算结果，220kV 线路发生短路故障时可能出现峰值上百千安、有效值数十千安、持续百毫秒甚至秒级的故障电流。由于缺乏系统实际短路电流波形，根据 GB/T 11022 对开关设备的峰值耐受电流和短时耐受电流的波形要求，分布式潮流控制器装置峰值耐受电流和短时耐受电流的耐受要求如下。

短路电流公式如式（6−1）所示，时间 t 为 0~100ms，典型的 220kV 线路短路电流波形如图 6−3 所示。

$$i = -70.7\cos\left(\frac{\pi t}{10}\right) + 68e^{-\frac{t}{45}} \tag{6−1}$$

式中：短路电流 i 的单位为 kA；时间 t 的单位为 ms。

由于分布式潮流控制器串联于线路中，需要考虑该极端恶劣故障工况下，分布式潮

115

流控制器不能发生损坏。在杭州 DPFC 示范工程中，线路峰值耐受电流为 125kA，线路短时耐受电流为 50kA。在该故障工况下，装置内部器件或设备的实际电气应力均应小于耐受水平。

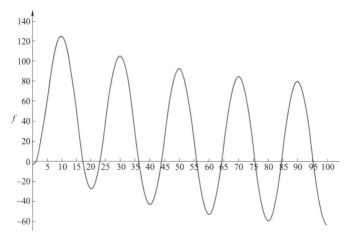

图 6-3　典型的 220kV 线路电路电流波形

6.4.1.2　线路雷电流过电压

当线路遭受雷击时，大量的雷云电荷注入输电线路，并向远处传输。由于雷电流陡度极高，当雷电流经过串联在线路中的电抗器或变压器等设备时，雷电流转化成雷电过电压，引起设备过压甚至损坏。由于分布式潮流控制器可能装设于线路杆塔、电站进线端等位置，因此分布式潮流控制器的绝缘配合应考虑线路本身耐雷水平情况下的绝缘设计，必要时配置相应的保护，以保证分布式潮流控制器装置尤其是 IGBT 的安全运行。

以杭州 DPFC 示范工程为例进行说明。

1. 未配置 MOV 过电压分析

未配置 MOV，未配置滤波电路，线路雷电流下各种保护来不及动作，分布式潮流控制器内部 IGBT 过流（仿真值高达 82kA）、直流电容过压（仿真值高达 4.11kV）、分布式潮流控制器输出端口电压过压（高达 2236kV）。

未配置 MOV，配置滤波电路，雷电流从滤波支路通过；分布式潮流控制器内部 IGBT 过流（仿真值高达 7kA）、分布式潮流控制器输出端口电压过压（高达 55kV），晶闸管过压击穿。

2. 配置 MOV 过电压分析

为了将进入换流单元的雷电冲击电流峰值限制在 5.6kA 以内，同时将输出端口电压限制在 2.5~3.5kV（配合系数取 1.8~1.3），需要将 MOV 的参考电压设置为 1.66~2.32kV（供应商提供的阀片压比为 1.51）。可选用有工程应用的成熟产品，直流参考电压为

1.97kV，120kA 雷电流下残压为 3.46kV，能量吸收能力 26.7kJ。不论是否配置滤波电路，标准雷电流波形 2.6/50μs 峰值 110kA 和小概率雷电流波形 10/50μs 峰值 110kA 波形下，分布式潮流控制器内部器件电压应力均小于各器件耐受水平，并留有合适的裕度。

6.4.2 电气间隙和爬电距离

以杭州 DPFC 示范工程为例，DPFC 单级子模块额定电压 600Vrms，模块内部属于低压设备，其模块内部绝缘配合依据 GB/T 16935.1《低压系统内设备的绝缘配合　第 1 部分：原理、要求和试验》进行设计。装置串联于 220kV 交流线路，因此对大地绝缘配合与线路或变电站绝缘配合类似，在此不再赘述，可参考 GB/311 系列标准。

1. 模块内部

（1）电气间隙。

电压应力：模块输出电压有效值为 0.6kV，冲击电压 4kV，建议最小电气间隙取 5mm；电容两端电压持续电压取 1kV，额定冲击电压 1.8kV，建议最小电气间隙取 3mm。

（2）爬电距离。均应按户外柜内环境进行考虑。

H 桥内部：爬电比距 45mm/kV，基准电压为直流 1kV，建议最小爬电距离取 45mm。

H 桥外部：爬电比距 53.7mm/kV，基准电压有效值为 0.6kV，建议最小爬电距离取 33mm。

2. 装置对大地

由线路避雷器 A1、A2 保护水平确定。

7 分布式潮流控制器系统的调试试验技术

7.1 分布式潮流控制器的主设备试验技术

分布式潮流控制器的主设备包括功率单元以及配套的单元旁路开关等，需要对各部分主设备按相关标准进行详尽的试验以保证整个系统的可靠运行。

根据分布式潮流控制器自身特点及相应的标准，各部分主设备包含的试验项目如表 7-1 所示。

表 7-1　　　　　　　　　　　　主 设 备 试 验 项 目

序号	试验内容	试验对象
7.1.1　功率单元功能试验		
1	连接检查	功率单元
2	无线通信测试	功率单元
3	光纤通信测试	功率单元
4	电气量采样试验	功率单元
5	自取能试验	功率单元
6	旁路开关分合闸试验	功率单元
7	IGBT 触发试验	功率单元
8	晶闸管触发试验	功率单元
7.1.2　功率单元功率试验		
1	温升试验	功率单元
2	电磁兼容试验（间接测试）	功率单元
7.1.3　功率单元运行性能试验		
1	高压手动运行试验	功率单元
2	高压通流试验	功率单元
3	故障旁路试验	功率单元
4	动态特性试验	功率单元
5	电磁抗扰试验	功率单元
6	噪声测试	功率单元

序号	试验内容	试验对象
	7.1.4 功率单元环境试验	
1	高温高湿环境试验	功率单元
2	淋水试验	功率单元
	7.1.5 阀支架绝缘试验	
1	阀塔对地工频及局放测试	功率单元支架
2	阀塔对地雷电冲击测试	功率单元支架

所有设备的试验中，设备本体不应出现击穿或者外部闪络现象，构成阀结构的绝缘材料、光纤以及其他辅件不应出现破坏性放电。

试验中元器件及导体的表面温度、相关载流结点温度、相邻安装表面温度在各种条件及工况下都应在设计允许限值内。

试验中控制保护动作特性都应满足逻辑设计要求。

7.1.1　功率单元功能试验

1. 连接检查

检查功率单元内各元器件、导体安装是否正确、可靠，光纤和二次接线是否正确、无破损、绝缘可靠。

2. 无线通信测试

检查功率单元无线通信是否正常。通过远程调试电脑可与 DPFC 子模块控制板卡建立无线通信，并可通过调试界面进行控制命令下发以及反馈信号收取检测。

3. 光纤通信测试

检查 DPFC 子模块至上层控制保护装置的光纤通信是否正常。上层控制保护装置应可以通过光纤与 DPFC 子模块控制板卡建立通信，并可下发控制命令以及 DPFC 子模块运行状态信号收取检测。

4. 电气量采样试验

检查 DPFC 子模块内参与控制保护的关键电气量采样回路是否正确，包括：测量/保护 TA 采样回路、DPFC 子模块交流端口 TV 采样回路、DPFC 子模块直流侧电压采样回路、功率单元内功率器件及其他发热器件温度采样回路等。

5. 自取能试验

DPFC 功率单元经常采用户外灵活布置方案，无外供电源，采用自取能设计，对自取能回路进行试验，确保取能可靠。试验内容包括：检验电流耦合取能回路能否在功率单元最小启动电流、最大连续运行电流范围内正常工作；检验直流电压取能回路能否在最小启动电压及最高允许电压范围内正常工作。

6. 旁路开关分合闸试验

DPFC 功率单元直接串联入线路，因此其自身旁路开关的动作可靠性尤其重要。为了保证操作可靠性，通常 DPFC 功率单元中旁路开关可按照双重化进行配置，试验内容包括：检验旁路开关是否可操作指令正确分、合闸，旁路开关的位置信号是否正确返回；旁路开关的分、合闸动作以及弹跳时间是否在设计允许范围内。

7. IGBT 触发试验

IGBT 作为 DPFC 功率单元的核心器件，需保证能正确可靠触发。对 DPFC 功率单元中各 IGBT 逐次进行触发控制，检查 IGBT 动作顺序及特性是否正确。

8. 晶闸管触发试验

对 DPFC 功率单元交流端口的旁路双向晶闸管进行触发测试，确保晶闸管可靠动作。

7.1.2 功率单元功率试验

1. 功率单元功率试验

DPFC 功率单元功率试验的目的是检验单元在额定电流范围内运行时各元器件的电压、电流等电气应力是否满足设计要求，检验 IGBT 等发热元件的散热设计是否满足要求。

DPFC 功率单元功率试验可通过如下试验电路（见图 7-1）完成：DPFC 直流电容由外接直流电源供电，DPFC 子模块交流输出端并接试验用电抗器。当外部直流电源给直流电容电压充电至设定阈值后，DPFC 子模块自取能回路启动，内部控制板卡工作，控制单相全桥逆变电路（H 桥）输出交流电压，在交流并联电抗器上产生无功电流，通过调节输出交流电压大小，即可调节无功电流幅值，从而达到功率试验的目的。

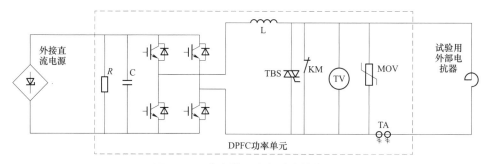

图 7-1 功率单元功率试验接线图

功率试验中应调节输出电流直至额定值，达到额定电流运行后每 10min 记录一次发热源运行温度，直至连续 5 次读数在 ±2℃ 之内。

2. 功率单元电磁兼容测试

在功率试验中，DPFC 子模块可接入远程监控装置。装置始终保持对功率单元的通信及触发脉冲异常监视，以验证功率单元的电磁兼容性能。

7.1.3 功率单元运行性能试验

验证 DPFC 功率单元串联接入模拟线路的等效运行性能，包括动态特性、模拟故障保护、噪声、电磁抗扰等。

DPFC 功率单元运行性能试验可针对单个模块进行，也可多个模块串联同时进行。试验接线如图 7-2 所示，采用电力电子可调交流电源模拟电力系统，DPFC 子模块串联接入交流电源与陪试交流负载中。

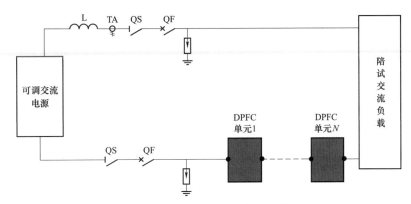

图 7-2 功率单元运行性能试验接线图

1. 高压手动运行试验

DPFC 子模块解锁前手动控制分开旁路开关，短延时后闭合旁路开关进行测试，验证 DPFC 一次接线是否正确，绝缘是否良好，控制板卡工作是否正常，采集上送的电气量信号是否正确，各功率单元充电电压是否一致。

2. 高压通流试验

检验 DPFC 子模块能否正常投入解锁，按照设定指令工作在阻抗注入或者电压注入模式。

DPFC 投入前处于闭锁旁路状态，投入时 DPFC 应首先分闸旁路开关，进入闭锁状态，待电容直流电压上升至设定值后，DPFC 输出交流电压，交流电压相角应超前负载电流 90°或滞后负载电流 90°（视实际试验情况）。

以定步长逐步增加 DPFC 输出电压直至额定输出电压，记录各项数据。

3. 故障旁路试验

DPFC 运行状态下模拟功率单元故障，查看是否能正确可靠旁路。

通过监控后台人为模拟单个功率单元发生故障，监控后台应显示该模块故障信息，该模块能正确旁路；同时触发的录波中系统电压、电流、传输功率不应有异常波动。

4. 动态特性试验

检查 DPFC 功率单元的动态响应特性，将输出指令电压进行阶跃变化，监视 DPFC 的响应过程，通过触发录波分析 DPFC 响应特性的静差、超调、响应时间等。

5. 电磁抗扰试验

在上述试验中，DPFC 子模块可接入远程监控装置，装置始终保持对功率单元的通信及触发脉冲异常监视，以验证功率单元的电磁兼容性能。

6. 噪声测试

在上述试验中，当 DPFC 输出电压、电流与实际工程工况一致时，对其进行噪声测试。

7.1.4 功率单元环境试验

1. 高温高湿环境试验

验证 DPFC 子模块在高温高湿环境下的耐受性，将 DPFC 子模块置于高温高湿环境试验箱中，进行恒定湿度下的高低温循环测试。

2. 淋水试验

验证 DPFC 子模块在户外环境中的防雨水性能，按照设计的 IP 防护等级（通常不低于 IP55）进行喷淋水测试。

7.1.5 阀支架绝缘试验

1. DPFC 阀支架对地工频耐压试验

验证 DPFC 阀支架对地电压耐受能力。DFPC 阀支架的短时工频电压耐受以及局部放电应满足要求，试验方案和试验参数依据 GB 311.1—2012 相关参数的要求。

2. DPFC 阀支架对地雷电冲击耐压试验

验证 DPFC 阀支架对地雷电冲击耐受能力。采用标准 1.2/50μs 波形，分别将 3 次正极性和 3 次负极性雷电冲击施加到被短接的功率单元两端与地之间，试验方案和试验参数依据 GB 311.1–2012 相关参数的要求。

⑺.2 分布式潮流控制器控制保护系统闭环试验技术

为了对分布式潮流控制器工程进行可行性论证，全面验证物理控制保护系统的功能及性能，开展分布式潮流控制器对电网继电保护的影响分析等，为实际工程投运以及后期运维提供技术支持，有必要基于数字实时仿真系统和实际工程情况进行控制保护装置的闭环试验。

7.2.1 闭环测试系统

7.2.1.1 系统概述

分布式潮流控制器控制保护系统闭环测试平台需要根据开展试验的目的和性质来构

建，不同的应用目的采用不同的软、硬件系统。一般来说，对于实际分布式潮流控制器工程开展控制保护系统闭环试验，需依托实际工程需要，采用实时数字仿真（例如 Real Time Digital Simulation，RTDS）构建系统模型，DPFC 控制保护系统采用与实际工程现场控制保护设备相同的配置，并与 RTDS 构成闭环系统。一个完整的 DPFC 控制保护系统闭环测试系统应包括电网及换流器仿真设备和二次控制保护系统。需要注意的是，在实际工程中，DPFC 的各级串联子模块具备独立的控制保护功能，在仿真系统中需要搭建对应的仿真接口装置，用以实现各级模组的控制保护功能以及与控制保护系统的通信。以浙江省电力有限公司湖州 DPFC 示范工程为例，整套闭环测试系统整体结构示意图如图 7-3 所示。

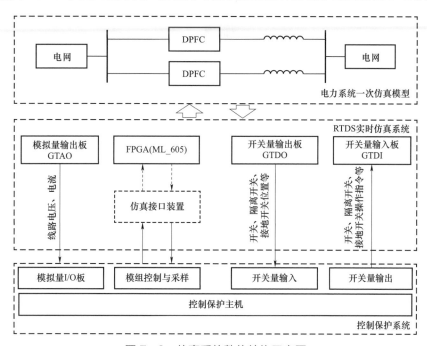

图 7-3 仿真系统整体结构示意图

7.2.1.2 系统结构

分布式潮流控制器闭环试验系统主要包括：与实际工程相同的控制保护系统和模拟一次设备的实时仿真系统，以及 RTDS 提供可以模拟 DPFC 换流器设备以及电力系统的实时仿真系统。整套闭环试验系统框图如图 7-4 所示。

仿真系统包括了人机界面、控制保护主机以及仿真主机模拟的一次设备。人机界面中主要包括 RTDS 工作站、SCADA 服务器和运行人员工作站等。控制保护设备包括实际换流器控制保护主机及其配套控制保护接口装置，同时还包括 DPFC 模组控制保护仿真接口装置，一次设备则采用 RTDS 平台模拟，RTDS 工作站用于搭建及修改依次系统模型，同时用于监视一次系统运行状态，DPFC 模组模型运算采用 FPGA 执行。为了更加真实地模拟实际工程，实时仿真系统模拟的交流电网应尽量接近实际的真实电网。

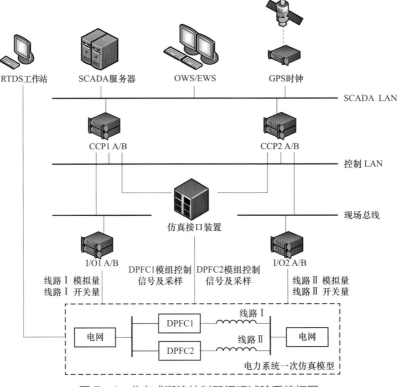

图 7－4　分布式潮流控制器闭环试验系统框图

仿真系统配置一台 SCADA 运行人员工作站，用于 DPFC 运行时运行人员的人机界面和监控数据收集。同时可以兼顾实现控制保护程序编译、调试等。运行人员工作站与控制保护系统通过 TCP/IP 协议进行通信，它通过站 LAN 网，接收运行人员或远方调度中心、集控中心对 DPFC 控制站正常的运行监视和操作指令、故障或异常工况的监视和处理，事件记录和事件报警、二次系统的同步和对时等。

控制保护系统中的主要装置是换流器控制保护主机（CCP）、控制保护接口装置（I/O）和 DPFC 模组控制保护仿真接口装置，CCP 通过光纤与仿真接口装置相连，仿真接口装置通过光纤与 DPFC 模组实时仿真 FPGA 装置相连，CCP 通过现场总线与控制保护 I/O 相连，控保 I/O 与电力系统一次实时仿真系统相连。控制保护装置与模拟一次系统的仿真系统接口，包括线路断路器、隔离开关的状态及控制等开关量信号，控制保护功能所需的交流线路电压、电流等模拟量信号。

7.2.2　控制保护功能闭环试验

7.2.2.1　DPFC 控制功能闭环试验

（1）顺序控制与联锁试验。顺序控制与联锁功能可有效减少操作步骤并且防止误操作，该试验的主要目的是验证控制保护系统能实现系统运行需求的所有顺控操作，各种顺序操作下的事件记录能正确显示。

（2）启停试验。启动与停运控制是分布式潮流控制器系统中的关键难点，需对不同运行方式下的启停性能进行试验验证，其对交流系统造成的扰动应较小，能实现系统的平滑启动和停运。

（3）稳态工况校核与功率区间试验。稳态工况试验是验证各运行方式下系统能够控制电气量在相应的指令值，稳态误差满足相应技术规范的要求。分别在各运行方式下验证控制系统对有功功率、注入电压、等效注入电抗的控制能力，能够按照设定的速率，平稳地将相应的电气量控制到指令值，验证断面有功功率的运行区间满足设计值的要求。

（4）控制模式切换试验。对于能够在线切换的控制模式，试验验证控制模式切换时无扰动，线路电压、电流、有功功率等能保持平稳。

（5）自动监视与切换试验。控制系统多配置为双系统，正常运行过程中存在值班系统和备用系统。自动监视与切换试验的目的即验证控制保护系统具备自动监视的功能，并且在相应故障条件下具备正确的主备系统切换逻辑。

（6）动态性能试验。验证控制系统的动态性能，在全工作范围内，有功功率的阶跃响应需快速且不对交流系统造成冲击。

（7）断路器、隔离开关异常试验。验证断路器、隔离开关出现位置异常时，例如线路断路器偷跳等，控制系统能做出正确的动作反应。

（8）暂态试验。验证交流系统发生瞬时性故障时，分布式潮流控制器系统的故障恢复能力。在交流线路模拟进行单相、两相及三相接地故障实验，分布式潮流控制器能够通过故障重启功能躲过线路故障。

（9）附加控制试验。附加控制试验包括线路过载控制试验和线路过压/欠压控制试验，通过试验可以检验附加控制对系统的性能优化和提高。

7.2.2.2 DPFC 保护功能闭环试验

DPFC 保护测试包括 DPFC 保护功能测试和故障测试。

（1）保护功能测试主要验证控制系统在正常操作（如启停、升降出力）过程中，保护系统配置的所有保护功能不误动。

（2）保护功能测试涉及区内、区外各类故障下的保护功能测试，考核控制保护动作行为。故障点如图 7-5 所示，故障类型如表 7-2 所示。要求 DPFC 系统发生故障时，保护能够迅速动作，并能够与交流系统保护配合，试验要求保护不误动也不拒动。

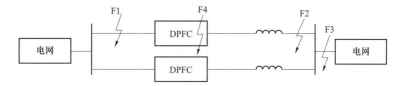

图 7-5 DPFC 控制保护系统保护功能试验故障点示意图

表 7-2 　　　　　　　　　DPFC 保护功能闭环试验故障点设置

序号	区域	故障类型	故障点编号	备注
1	交流线路	区内故障	F1，F2	单相、相间、三相，瞬时和永久故障，低阻和高阻接地等
2		区外故障	F3	单相、相间、三相，瞬时和永久故障，低阻和高阻接地等
3	换流器	换流器区故障	F4	包括区域线路故障、模组间线路故障、模组故障等

7.3　分布式潮流控制器工程现场系统调试技术

在分布式潮流控制器工程投入运行前应开展现场系统调试，以考核 DPFC 的一次设备、控制保护系统的性能是否达到招标技术规范要求，协调和优化 DPFC 运行与交流系统间的配合，提高供电系统的整体综合运行性能，测试和收集 DPFC 安全稳定运行所需的各种必要的数据和参量，并培训有关生产管理和运行人员。

本节结合湖州 220kV DPFC 示范工程现场系统调试介绍各项调试，着重介绍现场系统调试的试验目的、条件、步骤及验收标准。

7.3.1　调试验证的 DPFC 基本功能及性能指标

湖州 220kV DPFC 示范工程安装于甘泉—祥福输电双回线路甘祥 2U21 线和甘福 2U22 线上，每回线路安装 9 级三相分布式潮流控制器装置，总容量约 58.32MVA。工程一次接线图如图 7-6 所示。

基于 DPFC 工作原理，湖州 DPFC 示范工程具备的基本功能包括了电压控制、阻抗控制、功率控制及断面限额控制。其中，电压、阻抗控制分别是以 DPFC 注入电压、阻抗为控制目标的典型控制模式；功率控制是以线路有功功率为控制目标的典型控制模式；断面限额控制是以线路断面的总有功功率不越限为控制目标的 DPFC 典型控制模式。在不同控制模式下，DPFC 应能正确执行指令，实现线路有功功率的控制。在不同控制模式间，DPFC 应能平稳切换。

当交流系统发生故障时，DPFC 保护应能正确配合动作。对于瞬时故障，在交流系统恢复后，DPFC 可实现重启动；对于永久性故障，DPFC 不应重启动。当 DPFC 子模块发生故障时，DPFC 应能正确旁路故障子模块，并保持三相平衡运行，在可控范围内继续正确地执行指令。当 DPFC 无冗余子模块时，DPFC 保护应正确动作，将 DPFC 由运行转为旁路。

同时在工程应用中，DPFC 应能正确执行启停指令、紧急停运指令，双重化控制系统应能正确监视及切换。

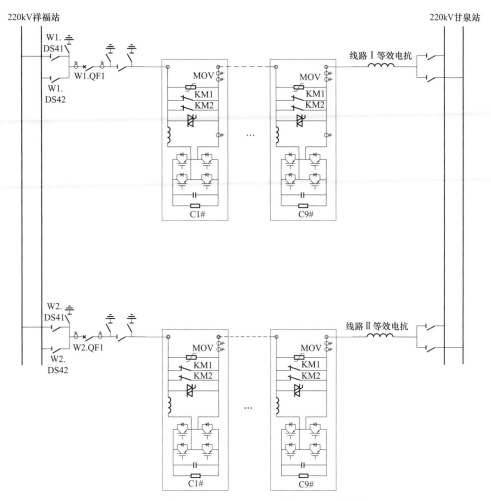

图 7-6   湖州 220kV DPFC 示范工程一次接线图

由此 DPFC 现场系统调试主要包括了启动试验、单回线试验、双回线试验及短路试验四类，其中的双回线试验只针对如图 7-6 所示的双回线 DPFC 工程。

7.3.2 现场系统调试条件

现场系统调试应在 DPFC 主设备等分系统调试及 DPFC 控制保护系统闭环仿真试验已完成后实施。对于双回线 DPFC 工程，在双回线试验前应首先完成各回线的单回线试验。在 DPFC 工程开展短路试验前，各系统调试项目应都已完成并通过验收，DPFC 试运行已完成。

在现场系统调试开展前，应保证所有保护已按主管部门下达定值正确整定，可以投入系统带电调试；调试方案已得到启动验收委员会的批准；调试期间的事故紧急处理措施和预案已拟定并已得到启委会的批准；试验调度方案已得到启委会的批准，确保线路电流大于 DPFC 最小启动电流；至地调和省调的通信、站内各调试组和关键主设备之间的通信已落实，通信正常；试验期间的安全保卫措施已落实，站内消防系统可以正常运行；试验期间现场安全管理小组确保站内的户外场地无人员逗留。

DPFC 现场系统调试方案应以工程批准文件、工程技术规范、工程设计图纸、设备采购合同、工程施工合同及其所执行的相关标准、规范、规程及法规为依据。在现场系统调试过程中，应对 DPFC 设备及系统的稳态数据、动态数据和暂态数据等进行跟踪监测。

7.3.3 启动试验

启动试验主要包括单回线瞬时解锁与启停试验、双回线启停试验等。

7.3.3.1 单回线瞬时解锁与启停试验

1. 试验目的

（1）验证 DPFC 每个子模块能否正常解锁；

（2）考核解锁瞬间对于电容电压的冲击程度；

（3）验证单回线 DPFC 能够正常启动与停运。

2. 试验条件

（1）若双回线路均带电，需置数投入双线带电工况下的单回线试验功能，并在试验结束后恢复置数。

（2）试验线路的 DPFC 为旁路充电状态，非试验线路的 DPFC 为冷备用状态。

（3）试验线路电流大于该回线 DPFC 的最小启动电流。

3. 试验步骤

（1）按照试验条件设置系统的初始状态，先进行线路 1 甘祥 2U21 线试验；

（2）依次置数开展甘祥 2U21 线 1 号子模块瞬时解锁 100ms、200ms、1s 试验；

（3）检查波形，记录事件，依次确认只有 1 号子模块瞬时解锁 100ms、200ms、1s，检查该子模块电容电压情况；

（4）在甘祥 2U21 线剩余子模块依次重复以上操作；

（5）将甘祥 2U21 线 DPFC 由旁路充电改运行；

（6）检查波形，记录事件和截屏；

（7）设置"电压控制"的电压调节斜率为 400V/min，电压参考值依次为−100V、−200V，逐渐提升 DPFC 输出电压；

（8）检查波形，记录事件和截屏，观察提升 DPFC 输出电压前后的线路功率的差别，校核潮流的正负是否正确，确保过程中两回线电流不超过载流能力；

（9）指挥发令，将甘祥 2U21 线 DPFC 由运行改旁路充电；

（10）核实停运过程的事件和波形符合设计；

（11）汇报甘祥 2U21 线瞬时解锁与启停试验完成；

（12）以上步骤在线路 2 甘福 2U22 线 DPFC 上重复操作。

4. 验收标准

每个子模块均能正常地解锁，且解锁后的逻辑与设计一致，解锁瞬间对于电容电压的冲击力在允许范围内。

7.3.3.2 双回线启停试验

1. 试验目的

检验与考核双回线 DPFC 能否正常启动与停运。

2. 试验条件

（1）双回线路均带电，双回线 DPFC 均为旁路充电状态；

（2）双回线路电流大于 DPFC 最小启动电流。

3. 试验步骤

（1）按照试验条件设置系统的初始状态；

（2）指挥发令将 DPFC 由旁路充电改运行；

（3）检查波形，记录事件和截屏；

（4）设置"电压控制"的电压参考值为 200V，电压调节斜率为 400V/min，逐渐提升 DPFC 输出电压至 200V；

（5）检查波形，记录事件和截屏，观察提升 DPFC 输出电压前后的线路功率的差别；

（6）指挥发令，将 DPFC 由运行改旁路充电；

（7）核实停运过程的事件和波形是否符合设计的流程。

4. 验收标准

双回线 DPFC 能正常启动和停运。

7.3.4 单回线试验

单回线试验主要包括单回线 DPFC 运行条件下的紧急停运试验、自监视与切换试验、最小电流启动试验、稳态工况试验、动态性能试验、模拟保护试验、三相平衡试验、过载试验等。

对于双回线 DPFC 工程，为避免双回线带电而单回线 DPFC 试验运行时，线路间环流过大，需限制 DPFC 小出力运行。在一回线陪停、仅剩一回线带电条件下，单回线 DPFC 才能大出力运行。以下均以甘祥 2U21 线 DPFC 的单回线试验为例。

7.3.4.1 紧急停运试验

1. 试验目的

验证 DPFC 的紧急停运功能是否满足要求。

2. 试验条件

（1）若双回线路均带电，需置数投入双线带电工况下的单回线试验功能，并在试验结束后恢复置数；

（2）试验线路 DPFC 为旁路充电状态，非试验线路 DPFC 为冷备用状态。

3. 试验步骤

（1）按照试验条件设置系统的初始状态；

（2）等待 RFE 图标变红后，将甘祥 2U21 线 DPFC 由旁路充电改运行；

（3）设置"电压控制"的电压参考值为 200V，电压调节斜率为 400V/min，逐渐提升 DPFC 输出电压至 200V；

（4）待系统平稳运行后，指挥发令按下紧急停运按钮；

（5）检查波形，记录事件和截屏，确认甘祥 2U21 线 DPFC 可以紧急停运，且动作逻辑与设计一致。

4. 验收标准

甘祥 2U21 线 DPFC 接到紧急停运命令后，出力快速降至 0，闭锁换流阀，合上模块旁路开关 KM。

7.3.4.2 自监视与切换试验

1. 试验目的

（1）验证备用系统正常、值班系统正常时的切换逻辑及切换性能；

（2）验证备用系统正常、值班系统发生轻微故障时的切换逻辑及切换性能；

（3）验证备用系统正常、值班系统发生严重故障时的切换逻辑及切换性能；

（4）验证备用系统正常、值班系统发生紧急故障时的切换逻辑及切换性能；

（5）验证备用系统轻微故障、值班系统正常时，手动切换无法实现，此时备用系统主机断电、上电不影响系统继续正常运行；

（6）验证在值班系统正常时，备用系统严重故障，值班系统不切换的逻辑；

（7）验证备用系统轻微故障时、值班系统严重故障的切换逻辑及切换性能；

（8）验证备用系统严重故障、值班系统发生严重故障时，值班系统不切换的逻辑；

（9）验证备用系统出现严重故障、值班系统紧急故障或者主机断电时，系统停运的逻辑；

（10）检验系统自监视功能和事件记录功能是否正常。

2. 试验条件

（1）若双回线路均带电，需置数投入双线带电工况下的单回线试验功能；

（2）试验线路 DPFC 为旁路充电状态，非试验线路 DPFC 为冷备用状态；

（3）试验中应确保线路电流不低于最小运行限值，不高于线路电流上限。

3. 试验步骤

（1）按照试验条件设置系统的初始状态；

（2）指挥下令，将甘祥 2U21 线 DPFC 由旁路充电改运行，设置"电压控制"的电压参考值为 −0.2kV，电压调节斜率为 400V/min；

（3）等待系统进入稳态运行，检查甘祥 2U21 线 CCP1 双系统都正常，CCP1A 为值班系统，CCP1B 为备用系统；

（4）指挥下令，在 OWS 运行人员控制界面上将 CCP1A 切换至备用；

（5）检查 CCP1B 切换为值班系统，切换时无扰动，系统继续正常运行；

（6）指挥下令，在 OWS 运行人员控制界面上将 CCP1B 切换至备用；

（7）检查 CCP1A 已变为值班系统，切换时无扰动，系统继续正常运行。

（8）确认备用系统 CCP1B 的状态为"正常"；

（9）指挥下令，模拟值班系统 CCP1A 轻微故障（断一路 CCP 机箱电源）；

（10）核实备用系统 CCP1B 切换为值班系统，系统继续正常运行；

（11）指挥下令，将 CCP1A 的状态由"轻微故障"恢复为"正常"；

（12）核实 CCP1A 自动恢复为备用状态，且状态为"正常"；

（13）指挥下令，模拟值班系统 CCP1B 轻微故障（断 I/O 机箱的一路电源）；

（14）核实备用系统 CCP1A 切换为值班系统，系统继续正常运行；

（15）指挥下令，将 CCP1B 的状态由"轻微故障"恢复为"正常"；

（16）确认备用系统 CCP1B 的状态为"正常"；

（17）指挥下令，模拟值班系统 CCP1A 严重故障（断开 I/O 机箱的信号电源）；

（18）核实备用系统 CCP1B 切换为值班系统，系统继续正常运行；

（19）指挥下令，将 CCP1A 的状态由"严重故障"恢复至"正常"，并将其设置为备用状态；

（20）模拟值班系统 CCP1B 严重故障（断开一台 I/O 机箱的两路电源）；

（21）核实备用系统 CCP1A 切换为值班系统，系统继续正常运行；

（22）指挥下令，将 CCP1B 的状态由"严重故障"恢复至"正常"，并将其设置为备用状态；

（23）确认备用系统 CCP1B 的状态为"正常"；

（24）指挥下令，置数使值班系统 CCP1A 产生紧急故障；

（25）核实备用系统 CCP1B 切换为值班系统，系统继续正常运行；

（26）指挥下令，将 CCP1A 的状态由"紧急故障"恢复至"正常"，并将其设置为备用状态；

（27）指挥下令，置数使值班系统 CCP1B 产生紧急故障；

（28）核实备用系统 CCP1A 切换为有效系统，系统继续正常运行；

（29）指挥下令，将 CCP1B 的状态由"紧急故障"恢复至"正常"，并将其设置为备用状态；

（30）确认值班系统 CCP1A 的状态为"正常"；

（31）指挥下令，模拟备用系统 CCP1B "轻微故障"（断开与另一回线某一主机的线间通信光纤）；

（32）在 OWS 运行人员控制界面上，将值班系统 CCP1A 切换到备用；

（33）核实备用系统 CCP1B 因轻微故障未切换为值班系统，值班系统 CCP1A 继续正常运行；

（34）指挥下令，将备用系统 CCP1B 的主机断电；

（35）检查 CCP1A 仍为值班系统，系统继续正常运行；

（36）指挥下令，将备用系统 CCP1B 的主机上电；

（37）检查 CCP1A 仍为值班系统，系统继续正常运行；

（38）指挥下令，将备用系统 CCP1B 的状态由 "轻微故障" 恢复至 "正常"；

（39）核实 CCP1A 为值班系统，系统继续正常运行；

（40）指挥下令，将 CCP1B 设置为值班系统，CCP1A 设置为备用系统，在此时的主备系统上重复以上操作；

（41）在 OWS 运行人员控制界面上将值班系统 CCP1B 切换到备用。

（42）确认值班系统 CCP1A 的状态为 "正常"；

（43）模拟备用系统 CCP1B "严重故障"（拔出 B10 板卡的 TX1 光纤）；

（44）核实备用系统 CCP1B 转入服务状态，CCP1A 仍为值班状态，系统继续正常运行；

（45）指挥下令，将 CCP1B 的状态由 "严重故障" 恢复为 "正常"，并将其设置为备用状态；

（46）指挥下令，将 CCP1B 设置为值班系统，CCP1A 设置为备用系统，在此时的主备系统上重复以上操作；

（47）在 OWS 运行人员控制界面上，将值班系统 CCP1B 切换到备用。

（48）确认值班系统 CCP1A 的状态为 "正常"；

（49）模拟备用系统 CCP1B "轻微故障"（断一路 CCP 机箱电源）；

（50）核实值班系统 CCP1A 继续正常运行；

（51）指挥下令，模拟值班系统 CCP1A "严重故障"（断开两台控制主机所有线间通信光纤）；

（52）核实 CCP1A 处于服务状态，CCP1B 处于值班状态；

（53）指挥下令，将 CCP1B 的状态由 "轻微故障" 恢复为 "正常"，将 CCP1A 的状态由 "严重故障" 恢复为 "正常"，并将其设置为备用状态，在此时的主备系统上重复以上操作；

（54）确认值班系统 CCP1A 的状态为 "正常"；

（55）模拟备用系统 CCP1B "严重故障"（断开 I/O 机箱的信号电源）；

（56）核实备用系统 CCP1B 转入服务状态，值班系统 CCP1A 正常运行；

（57）模拟值班系统 CCP1A "严重故障"（断开一台 I/O 机箱的两路电源）；

（58）核实 CCP1A 仍处于值班状态，系统继续正常运行；

（59）指挥下令，将 CCP1A 的状态由"严重故障"恢复为"正常"，将 CCP1B 的状态由"严重故障"恢复为"正常"，并将其设置为备用状态；

（60）指挥下令，在 OWS 运行人员控制界面上将值班系统 CCP1A 切换到备用，在此时的主备系统上重复以上操作；

（61）在 OWS 运行人员控制界面上将值班系统 CCP1A 切换到值班。

（62）确认值班系统 CCP1A 的状态为"正常"；

（63）指挥下令，模拟备用系统 CCP1B "严重故障"（拔出 B10 板卡的 TX1 光纤）；

（64）核实 CCP1B 转入服务状态，系统继续正常运行；

（65）指挥下令，将值班系统 CCP1A 的状态设置为"紧急故障"；

（66）核实甘详 2U21 线 DPFC 由运行转旁路充电；

（67）指挥下令，将 CCP1A 的状态由"紧急故障"恢复为"正常"，并将其设置为备用状态，确认 CCP1A 自动转为值班状态，将 CCP1B 的状态由"严重故障"恢复为"正常"，并将其设置为备用状态；

（68）指挥下令，将甘详 2U21 线 DPFC 由旁路充电转运行；

（69）指挥下令，在 OWS 运行人员控制界面上将值班系统 CCP1A 切换到备用，在此时的主备系统上重复以上操作；

（70）在 OWS 运行人员控制界面上将值班系统 CCP1A 切换到值班。

4. 验收标准

每次系统切换过程都平稳，对线路潮流无影响。系统故障监视正确，在各种故障组合测试中，状态更优的控制系统应切换保持为值班系统。在备用系统出现严重故障、值班系统紧急故障或者主机断电时，系统能正确停运。

7.3.4.3 最小电流启动试验

1. 试验目的

验证 DPFC 系统在线路电流小于最小启动电流时无法启动，大于最小启动电流时能够正常启动。

2. 试验条件

（1）若双回线路均带电，需置数投入双线带电工况下的单回线试验功能；

（2）试验线路 DPFC 为旁路充电状态，非试验线路 DPFC 为冷备用状态；

（3）试验结束后，保持 DPFC 为运行状态，便于开展下一项试验；若不进行下一项试验，应使 DPFC 由运行改旁路充电，各置数均应恢复。

3. 试验步骤

（1）按照试验条件设置系统的初始状态；

（2）置数将最小启动电流的定值设置为大于甘祥 2U21 线的稳态电流；

（3）观察甘祥 2U21 线 DPFC 不具备启动条件；

（4）通过程序置数，将程序中的最小启动电流的定值恢复；

（5）将甘祥 2U21 线 DPFC 由旁路充电改运行；

（6）在 DPFC 状态介于旁路充电与运行之间时，通过程序置数，将最小启动电流的定值设置成大于甘祥 2U21 线的稳态电流；

（7）观察确认甘祥 2U21 线 DPFC 因启动超时，自动恢复至旁路充电状态；

（8）通过程序置数，将最小启动电流的定值恢复；

（9）将甘祥 2U21 线 DPFC 由旁路充电改运行；

（10）检查波形，记录事件和截屏，确认甘祥 2U21 线正常启动。

4. 验收标准

当线路电流大于最小启动电流，DPFC 启动成功，否则不成功。

7.3.4.4 稳态工况试验

1. 试验目的

（1）验证 DPFC 控制电压的能力以及在升降过程中能否保持系统稳定运行；

（2）验证 DPFC 平稳地进行控制模式切换的能力；

（3）验证双重化控制系统在电压、功率、阻抗升降过程中能否平稳地切换。

2. 试验条件

（1）试验线路 DPFC 为运行，非试验线路 DPFC 为冷备用；

（2）若试验前试验线路 DPFC 为旁路充电状态，需启动单回线 DPFC；

（3）在双回线带电条件下，DPFC 输出的感性或容性电压需确保双线间的环流在允许范围内；

（4）为更充分地检验 DPFC 性能，建议在单回线带电条件下进行试验；

（5）试验中应确保线路电流不低于最小运行限值，不高于线路电流上限；

（6）试验结束后，保持 DPFC 为运行状态，便于开展下一项试验。若不进行下一项试验，应使 DPFC 由运行改旁路充电，各置数均应恢复。

3. 试验步骤

（1）按照试验条件设置系统的初始状态；

（2）待系统达到稳定，指挥发令，设置"电压控制"的电压调节速率为 400V/min，逐步调节电压指令值至容性电压上限；

（3）每次调节后，观察 DPFC 输出电压应按调节速率平稳变化，待电压稳定后维持运行 5min，核查 DPFC 输出电压是平稳而无扰动的，同时甘祥 2U21 线潮流绝对值上升，并记录此时的功率指令计算值和阻抗指令计算值；

（4）指挥发令，调节输出电压至感性 0.5kV，观察 DPFC 输出电压应按调节速率平稳变化，甘祥 2U21 线潮流绝对值下降，核实在 DPFC 输出电压反转时刻电压变化是平稳而无扰动的；

（5）指挥发令，逐步调节电压指令值至感性电压上限；

（6）每次调节参考值后，观察 DPFC 输出电压应按调节速率平稳变化，待电压稳定后维持运行 5min，核查 DPFC 输出电压是平稳而无扰动的，同时甘祥 2U21 线潮流绝对值下降，并记录此时的功率指令计算值和阻抗指令计算值；

（7）指挥发令，将控制模式由"电压控制"切换到"阻抗控制"；

（8）核实输出阻抗为当前 DPFC 阻抗指令计算值，DPFC 输出电压波形应平稳，对线路潮流无影响；

（9）指挥发令，设置"阻抗控制"的电压调节速率为 0.5Ω/min，逐步改变阻抗指令值至容性，使电压指令计算值对应改变至容性电压上限；

（10）每次调节后，待阻抗达到稳定，记录此时的线路潮流，检查波形，记录事件和截屏；

（11）指挥发令，将控制模式由"阻抗控制"切换到"电压控制"；

（12）核实输出电压为当前 DPFC 电压指令计算值，DPFC 输出电压波形应平稳，对线路潮流无影响；

（13）指挥发令，将控制模式由"电压控制"切换到"功率控制"；

（14）核实功率指令为当前系统功率，对线路潮流无影响，切换后线路潮流保持稳定，DPFC 输出电压随交流系统功率有所波动；

（15）指挥发令，设置"功率控制"的功率调节速率为 50MW/min，逐步改变功率指令值，使电压指令计算值对应改变至感性电压上限；

（16）每次调节待功率达到稳定，检查波形，记录事件和截屏；

（17）指挥发令，将控制模式由"功率控制"切换到"阻抗控制"；

（18）核实输出阻抗为当前 DPFC 阻抗指令计算值，DPFC 输出电压波形应平稳，对线路潮流无影响；

（19）指挥发令，设置"阻抗控制"的电压调节速率为 0.5Ω/min，设置阻抗指令值至容性电压上限值附近；

（20）在指令变换过程中，手动将值班系统切换到备用系统，再将备用系统切换回值班系统；

（21）核实指令无暂态变化；

（22）待阻抗达到稳定，检查波形，记录事件和截屏；

（23）指挥发令，将控制模式由"阻抗控制"切换到"功率控制"；

（24）核实功率指令为当前系统功率，对线路潮流无影响；

（25）指挥发令，设置"功率控制"的功率调节速率为 50MW/min，设置功率指令值至感性电压上限值附近；

（26）在指令变换过程中，手动将值班系统切换到备用系统，再将备用系统切换回值班系统；

（27）核实指令无暂态变化；

（28）待功率达到稳定，检查波形，记录事件和截屏；

（29）指挥发令，将控制模式由"功率控制"切换到"电压控制"；

（30）核实输出电压为当前 DPFC 电压指令计算值，DPFC 输出电压波形应平稳，对线路潮流无影响；

（31）设置"电压控制"的电压调节速率为 400V/min，电压指令值为 0V；

（32）在指令变换过程中，手动将值班系统切换到备用系统，再将备用系统切换回值班系统；

（33）核实指令无暂态变化。

4. 验收标准

单回线 DPFC 在不同控制模式下，由运行人员设定指令值及升降速率，该线 DPFC 输出电压能够平滑、线性地以运行人员设定的升降速率变化至预定的定值。单回线 DPFC 在不同控制模式间能快速切换且不对系统造成冲击，切换过程中波形平稳，双重化控制系统在电压、功率、阻抗升降过程中可平稳地切换。

7.3.4.5 动态性能试验

1. 试验目的

（1）验证 DPFC 有功功率的动态响应特性；

（2）验证控制系统能对阶跃变化的功率指令值作出快速准确的跟踪，保证较快的上升时间和较小的超调量。

2. 试验条件

（1）试验线路 DPFC 为运行，非试验线路 DPFC 为冷备用；

（2）若试验前试验线路 DPFC 为旁路充电状态，需启动单回线 DPFC；

（3）为更准确地检验 DPFC 性能，建议在单回线带电条件下进行试验；

（4）若在双回线带电条件下进行，应适当减少指令阶跃范围，避免线路间环流过大；

（5）试验中应确保线路电流不低于最小运行限值，不高于线路电流上限；

（6）试验结束后，保持 DPFC 为运行状态，便于开展下一项试验。若不进行下一项试验，应使 DPFC 由运行改旁路充电，各置数均应恢复。

3. 试验步骤

（1）按照试验条件设置系统的初始状态；

（2）指挥下令，将控制模式由"电压控制"切换到"功率控制"；

（3）等待系统稳定运行；

（4）指挥下令，置数操作，施加出力由 0→−10%→0 的指令阶跃；

（5）核实响应时间及超调量在预期的范围内；

（6）指挥下令，置数操作，施加出力由 0→＋10%→0 的指令阶跃；

（7）核实响应时间及超调量在预期的范围内；

（8）指挥下令，置数操作，施加出力由 0→－50%→0 的指令阶跃；

（9）核实响应时间及超调量在预期的范围内；

（10）指挥下令，置数操作，施加出力由 0→50%→0 的指令阶跃；

（11）核实响应时间及超调量在预期的范围内；

（12）恢复置数。

4. 验收标准

DPFC 能对阶跃指令快速跟踪，输出电压值的上升时间、下降时间和超调量在允许范围内。

7.3.4.6　模拟保护试验

1. 试验目的

（1）验证瞬时故障时，DPFC 过流保护触发后，实现重启动的控制保护逻辑；

（2）验证永久故障时，DPFC 过流保护触发后，不实现重启动的控制保护逻辑；

（3）验证 DPFC 低电流保护触发后，系统重启动的控制保护逻辑。

2. 试验条件

（1）试验线路 DPFC 为运行，非试验线路 DPFC 为冷备用；

（2）若试验前试验线路 DPFC 为旁路充电状态，需启动单回线 DPFC；

（3）试验中应确保线路电流不低于最小运行限值，不高于线路电流上限；

（4）试验结束后，保持 DPFC 为运行状态，便于开展下一项试验。若不进行下一项试验，应使 DPFC 由运行改旁路充电，各置数均应恢复。

3. 试验步骤

（1）按照试验条件设置系统的初始状态；

（2）指挥下令，在"功率控制"下设置甘祥 2U21 线功率指令为当前指令值 $P_{ini}-50MW$，功率调节速率为 50MW/min；

（3）等待系统进入稳态运行，置数模拟超快速过流保护动作（瞬时故障）；

（4）核实甘祥 2U21 线的 DPFC 由运行转为旁路充电，随后重新由旁路充电转运行，恢复至保护动作前的状态，检查相关波形及事件；

（5）置数修改过流定值，使其小于线路电流，模拟超快速过流保护动作（永久故障）；

（6）核实甘祥 2U21 线的 DPFC 由运行转为旁路充电，检查相关波形；

（7）指挥下令，恢复过流定值，启动甘祥 2U21 线；

（8）指挥下令，置数修改低电流保护定值，使其大于线路电流，模拟低电流保护；

（9）核实甘祥 2U21 线的 DPFC 由运行转旁路充电；

（10）指挥下令，恢复低电流保护定值；

（11）核实甘祥 2U21 线的 DPFC 按照反时限表设定的时间由旁路充电转运行，恢复至保护动作前的状态，检查相关波形、事件及截屏。

4. 验收标准

DPFC 过流保护触发后，系统可实现重启动；DPFC 永久故障过流保护触发后，系统不重启动；当低电流保护定值大于线路电流时，低电流保护触发，DPFC 退出运行；当线路电流恢复，DPFC 可重新启动。

7.3.4.7　三相平衡试验

1. 试验目的

（1）验证 DPFC 在不同控制模式下，三相相继有 1 个子模块旁路时，系统控制保护都能控制 DPFC 三相平衡运行；

（2）验证 DPFC 一相所有子模块全部旁路后，系统停运。

2. 试验条件

（1）试验线路 DPFC 为运行，非试验线路 DPFC 为冷备用；

（2）若试验前试验线路 DPFC 为旁路充电状态，需启动单回线 DPFC；

（3）适当提高 DPFC 指令值，使实际输出电压超过单个子模块输出上限；

（4）试验中应确保线路电流不低于最小运行限值，不高于线路电流上限。

3. 试验步骤

（1）按照试验条件设置系统的初始状态；

（2）指挥下令，在"功率控制"下设置甘祥 2U21 线功率指令为当前指令值 P_{ini} − 100MW（对应输出电压约为 −1kV），功率调节速率为 50MW/min；

（3）等待系统进入稳态运行；

（4）指挥下令，置数操作，模拟 A 相 1# 子模块保护动作；

（5）核实 A 相 1# 子模块旁路，其余子模块正常运行，B 相有一个子模块对应处于零压解锁状态，其余子模块正常运行，C 相有一个子模块处于零压解锁状态，其余子模块正常运行，运行子模块出力提升；

（6）指挥下令，将控制模式由"功率控制"切换到"电压控制"；

（7）指挥下令，置数操作，模拟 B 相 2# 子模块保护动作；

（8）核实 A 相 1# 子模块旁路，其余子模块正常运行，B 相 2# 子模块旁路，其余子模块正常运行，C 相有一个子模块处于零压解锁状态，其余子模块正常运行，运行子模块出力不变；

（9）指挥下令，将控制模式由"电压控制"切换到"阻抗控制"；

（10）指挥下令，置数操作，模拟 C 相 3# 子模块保护动作；

（11）核实 A 相 1# 子模块旁路，其余子模块正常运行，B 相 2# 子模块旁路，其余子模块正常运行，C 相 3#子模块旁路，其余子模块正常运行，运行子模块出力不变；

（12）指挥下令，置数操作，模拟 A 相 2#子模块保护动作；

（13）核实 A 相 1#、2#子模块旁路，其余子模块正常运行，B 相 2#子模块旁路、1 个子模块处于零压解锁状态，其余子模块正常运行，C 相 3#子模块旁路、1 个子模块处于零压解锁状态，其余子模块正常运行，运行子模块出力提升；

（14）置数操作，模拟 A 相剩余模块依次保护动作，至剩余 1 个子模块；

（15）核实 A 相剩余子模块正常运行，B 相仅 1 子模块运行，其余子模块旁路或处于零压解锁状态，C 相仅 1 子模块运行，其余子模块旁路或处于零压解锁状态；

（16）核实由于指令值超过单个子模块输出上限，子模块出力 100%，无法达到指令值；

（17）指挥下令，置数操作，模拟 A 相最后一个子模块保护动作；

（18）核实子模块无冗余保护动作，甘祥 2U21 线 DPFC 由运行转旁路充电；

（19）指挥下令，恢复置数。

4. 验收标准

单回线 DPFC 的一相出现子模块旁路，另两相需同步进行调整，保持三相平衡，在可调控范围内输出电压不变，正常子模块输出电压增加，系统保持正常运行。若指令超出可运行子模块输出范围，子模块输出电压达到 100%，无法到达指令值，系统保持正常运行。当一相所有子模块全部旁路，子模块无冗余保护动作应动作，单回线 DPFC 由运行转旁路充电。

7.3.4.8　过载试验

1. 试验目的

（1）验证 DPFC 启动时线路过载，可将线路电流限制于过载限值；

（2）验证 DPFC 稳态运行时线路过载，在不同控制模式下都可通过调节 DPFC 出力将线路电流限制于过载限值。

2. 试验条件

（1）若双回线路均带电，需置数投入双线带电工况下的单回线试验功能，并在试验结束后恢复置数；

（2）试验线路 DPFC 为旁路充电状态，非试验线路 DPFC 为冷备用状态；

（3）试验线路电流大于该回线 DPFC 的最小启动电流。

3. 试验步骤

（1）按照试验条件设置系统的初始状态；

（2）指挥下令，将过载电流限值设置为小于当前线路电流值。

（3）指挥下令，将甘祥 2U21 线 DPFC 由旁路充电转运行；

（4）核实 DPFC 启动后出力增加，将线路电流限制于过载电流限值，检查波形、事件及截屏；

（5）指挥下令，恢复过载电流限值；

（6）核实 DPFC 出力逐渐下降至指令值 0，线路电流逐渐上升，线路电流不再受原有过载电流限值的限制，检查相关波形、事件及截屏；

（7）指挥下令，将控制模式由"电压控制"切换到"功率控制"；

（8）指挥下令，设置"功率控制"的指令值为当前指令值 P_{ini} + 50MW（对应输出电压约为 0.5kV），功率调节速率为 50MW/min；

（9）待功率达到稳定，将过载电流限值设置为小于当前线路电流值。

（10）核实 DPFC 出力逐渐上升，线路电流被限制于过载电流限值，检查相关波形、事件及截屏；

（11）指挥下令，恢复过载电流限值；

（12）核实 DPFC 出力逐渐下降至指令值，线路电流逐渐上升，线路电流不再受原有过载电流限值的限制，检查相关波形、事件及截屏；

（13）指挥下令，将控制模式由"功率控制"切换到"阻抗控制"；

（14）指挥下令，将过载电流限值设置为小于当前线路电流值；

（15）核实 DPFC 出力逐渐上升，线路电流被限制于过载电流限值，检查相关波形、事件及截屏；

（16）指挥下令，恢复过载电流限值；

（17）核实 DPFC 出力逐渐下降至指令值，线路电流逐渐上升，线路电流不再受原有过载电流限值的限制，检查相关波形、事件及截屏；

（18）指挥下令，将甘祥 2U21 线由运行转旁路充电，并恢复置数。

4. 验收标准

单回线 DPFC 启动时线路过载，可将线路电流平稳限制于过载限值；当过载限值恢复后，DPFC 出力平缓下降至指令值 0，线路电流逐渐上升。DPFC 运行时线路过载，在不同控制模式下均可将线路电流平稳限制于过载限值；当过载限值恢复后，DPFC 出力平缓下降回初始指令值，线路电流逐渐上升。

7.3.4.9 断面限额试验

1. 试验目的

（1）验证断面限额模式下，DPFC 可将断面功率限制于限值；

（2）验证 DPFC 平稳进行断面限额模式和其他控制模式切换的能力。

2. 试验条件

（1）单回线带电下，才可进行单回线 DPFC 断面限额试验；

（2）试验线路 DPFC 为旁路充电状态，非试验线路 DPFC 为冷备用状态；

（3）试验线路电流大于该回线 DPFC 的最小启动电流；

（4）试验中应确保线路电流不低于最小运行限值，不高于线路电流上限。

3. 试验步骤

（1）按照试验条件设置系统的初始状态；

（2）指挥下令，将甘祥 2U21 线 DPFC 由旁路充电转运行；

（3）指挥下令，设置电压调节速率为 400V/min，电压指令值为 -0.5kV；

（4）待系统稳定后，指挥下令，将断面限额控制指令值设置为当前指令值 P_{ini}+100MW，指挥下令，将控制模式由"电压控制"切换到"断面限额控制"；

（5）核实 DPFC 出力逐渐下降至 0，断面的功率逐渐下降，检查相关波形、事件及截屏；

（6）将断面限额控制指令值设置为在当前指令值 P_{ini}-20MW；

（7）核实断面功率下降 20MW，DPFC 感性出力上升，检查相关波形、事件及截屏；

（8）将断面限额控制指令设置为在当前断面功率基础上增加 100MW；

（9）核实断面功率恢复，DPFC 出力下降至 0，检查相关波形、事件及截屏；

（10）指挥下令，将控制模式由"断面限额控制"切换到"功率控制"，设置"功率控制"的功率调节速率为 50MW/min，功率指令值为 P_{ini}+50MW（对应输出电压约为 0.5kV）；

（11）待系统稳定后，指挥下令，将断面限额控制指令值设置大于当前断面功率值 10MW，将控制模式由"功率控制"切换到"断面限额控制"；

（12）核实 DPFC 出力下降，断面的功率逐渐上升至指令值（即断面有功上升 10MW），检查相关波形、事件及截屏；

（13）将控制模式由"断面限额控制"切换到"电抗控制"，设置阻抗调节速率为 0.5Ω/min，"电抗控制"的指令值为 2Ω（对应输出电压约为 1kV）；

（14）待系统稳定后，指挥下令，将断面限额控制指令值设置小于当前断面功率值 10MW，将控制模式由"电抗控制"切换到"断面限额控制"；

（15）核实 DPFC 出力逐渐上升，将断面功率限制于指令值，检查相关波形、事件及截屏；

（16）指挥下令，将甘祥 2U21 线由运行转旁路充电。

4. 验收标准

电压、功率、电抗控制模式与断面限额控制模式可以顺利切换，切换后能正确执行指令目标。断面限额模式下，DPFC 可将断面功率限制于限额指令值。

7.3.5　双回线试验

双回线试验只针对双回线 DPFC 工程，在双回线试验前应先分别完成各回线 DPFC 的单回线试验。

双回线试验主要包括双回线条件下的紧急停运试验、最小电流启动试验、稳态工况试验、断面限额试验、动态性能试验、模拟保护试验、三相平衡试验、过载试验、双线转单线过载试验和双线转单线无过载试验等。其中，紧急停运试验、稳态工况试验、断面限额试验、动态性能试验、过载试验与单回线 DPFC 试验类似，可在双回线 DPFC 运行条件下按单回线 DPFC 试验流程进行试验，这些试验将在本小节简述。

7.3.5.1 紧急停运试验

双回线条件下的紧急停运试验与 7.3.4.1 单回线紧急停运试验类似，验证双线运行时 DPFC 的紧急停运功能是否满足要求。试验前后双回线 DPFC 处于旁路充电状态，试验中要求双回线电流均大于 DPFC 最小启动电流。

试验是在双线 DPFC 运行时，按下紧急停运按钮。此时双回线 DPFC 出力应都能快速降至 0，闭锁换流阀，合上旁路开关 KM。

7.3.5.2 最小电流启动试验

1. 试验目的

验证 DPFC 系统在双回 DPFC 运行方式下，任一回线路电流小于最小启动电流时双回线无法启动，两回线均大于最小启动电流时能够正常启动。

2. 试验条件

（1）双回线 DPFC 均处于旁路充电状态；

（2）双回线路电流均大于 DPFC 的最小启动电流；

（3）试验中双回线路电流不低于最小运行限值，不高于线路电流上限。

3. 试验步骤

（1）按照试验条件设置系统的初始状态；

（2）通过程序置数，将甘福 2U22 线的最小启动电流定值设置为大于甘福 2U22 线的线路电流；

（3）核查双回线 DPFC 不具备启动条件；

（4）通过程序置数，将程序中的最小启动电流的定值恢复；

（5）通过程序置数，将甘祥 2U21 线的最小启动电流定值设置为大于甘祥 2U21 线的线路电流；

（6）核查双回线 DPFC 不具备启动条件；

（7）通过程序置数，恢复程序中最小启动电流的定值；

（8）核查"RFE"图标变红，指挥发令，将双回线 DPFC 由旁路充电转运行；

（9）在 DPFC 状态介于旁路充电与运行之间时，通过程序置数，将甘福 2U22 线最小启动电流的定值设置为大于稳态电流；

（10）核查确认双回线 DPFC 因启动超时，自动恢复至旁路充电状态；

（11）通过程序置数，恢复程序中最小启动电流的定值；

（12）指挥发令，将双回线 DPFC 由旁路充电改运行；

（13）检查波形，记录事件及截屏，确认双线正常启动；

4. 验收标准

仅当两回线路电流均大于最小启动电流时,双回线 DPFC 启动成功,否则启动不成功。

7.3.5.3 稳态工况试验

双回线条件下的稳态工况试验与 7.3.4.4 单回线稳态工况试验类似,验证双回线 DPFC 在出力升降过程中保持系统稳定运行,验证双回线 DPFC 平稳进行控制模式切换的能力,验证双回线 DPFC 在电压、功率、阻抗升降过程中可平稳切换任一回线 DPFC 的控制系统。

双回线试验允许 DPFC 最高输出 100% 的感性电压,但输出容性电压不宜过大,避免对线路阻抗补偿过多引起系统不稳定问题,具体限值可视仿真结果而定。但试验中应确保双回线路电流不低于最小运行限值,不高于线路电流上限。

试验中,应能在不同控制模式下,双回线 DPFC 的输出电压能够平滑、线性地以运行人员设定的升降速率变化至指令值。不同控制模式间能快速切换,且不对系统造成冲击,切换过程中波形平稳。在电压、功率、阻抗升降过程中,任一回线 DPFC 的双重化控制系统间都可平稳地切换。

7.3.5.4 断面限额试验

双回线条件下的断面限额试验与 7.3.4.9 单回线断面限额试验类似,验证断面限额模式下,DPFC 可将断面功率限制于限值,电压、功率、电抗控制模式与断面限额控制模式可以顺利切换。

试验中,应确保双回线路电流不低于最小运行限值,不高于线路电流上限。在断面限额模式下,双回线 DPFC 在调节范围内,可将断面功率限制于限额指令值。电压、功率、电抗控制模式与断面限额控制模式可以顺利切换,切换后能正确执行指令目标,切换过程波形平稳,不对交流系统造成冲击。

7.3.5.5 动态性能试验

双回线条件下的动态性能试验与 7.3.4.5 单回线动态性能试验类似,验证双回线 DPFC 对有功功率的动态响应特性,验证双回线 DPFC 对阶跃变化的功率指令值能作出快速准确的跟踪,保证较快的上升时间和较小的超调量。

试验中应避免对线路阻抗补偿过多而引起系统不稳定问题,容性方向阶跃不宜过大,具体阶跃值可视仿真结果而定。双回线 DPFC 应能对阶跃指令快速跟踪,输出电压值的上升时间、下降时间和超调量都在允许范围内。

7.3.5.6 模拟保护试验

1. 试验目的

(1)验证单回线瞬时故障,双回线 DPFC 重启动的控制保护逻辑;

（2）验证单回线永久故障，双回线 DPFC 不重启动的控制保护逻辑；

（3）验证单回线 DPFC 低电流保护触发后，双回线 DPFC 重启动的控制保护逻辑。

2. 试验条件

（1）双回线 DPFC 均处于运行状态，若处于旁路充电状态，需先将双回线 DPFC 由旁路充电转运行；

（2）试验中应确保线路电流不低于最小运行限值，不高于线路电流上限；

（3）试验结束后，保持 DPFC 为运行状态，便于开展下一项试验。若不进行下一项试验，应使 DPFC 由运行改旁路充电。

3. 试验步骤

（1）按照试验条件设置系统的初始状态；

（2）指挥下令，在"功率控制"下设置双回线 DPFC 功率指令为当前指令值 $P_{ini}-50MW$，功率调节速率为 50MW/min；

（3）等待系统进入稳态运行，置数模拟双线 DPFC 快速过流保护动作（主控线路瞬时故障）；

（4）核实双线的 DPFC 由运行转为旁路充电，随后重新由旁路充电转运行，恢复至保护动作前的状态，检查相关波形、事件及截屏；

（5）指挥下令，置数模拟双线 DPFC 快速过流保护动作（甘祥 2U21 线永久故障）；

（6）核实双回线 DPFC 由运行转为旁路充电，检查相关波形、事件及截屏；

（7）指挥下令，恢复过流定值，启动双回线 DPFC；

（8）指挥下令，在"功率控制"下设置双回线 DPFC 功率指令为当前指令值 $P_{ini}-50MW$，功率调节速率为 50MW/min；

（9）指挥下令，置数设置甘福 2U22 线低电流保护定值，使其大于线路电流，模拟甘福 2U22 线低电流保护；

（10）核实甘福 2U22 线的 DPFC 由运行转旁路充电，甘祥 2U21 线 DPFC 转为"电压控制"0 输出状态；

（11）指挥下令，恢复甘福 2U22 线低电流保护定值；

（12）核实甘福 2U22 线的 DPFC 按照反时限表设定的时间由旁路充电转运行，随后双回线 DPFC 恢复至保护动作前的状态，检查相关波形、事件及截屏。

4. 验收标准

对于瞬时故障，双回线 DPFC 过流保护触发后，系统可实现重启动。对于永久故障，双回线过流保护触发后，故障线路 DPFC 系统不重启动。

若一回线 DPFC 低电流保护动作，则该回路 DPFC 旁路充电，另一路 DPFC 零压运行；低电流保护恢复后，根据反时限定值，故障线 DPFC 先重启动，随后两条线 DPFC 一起恢复出力至初始状态。

7.3.5.7 三相平衡试验

1. 试验目的

（1）验证双回线 DPFC 在不同控制模式下，两回线 DPFC 三相相继有 1 个子模块旁路时，控制系统能控制 DPFC 三相平衡运行；

（2）验证双回线 DPFC 中 DPFC 一相所有子模块全部旁路后，双回线 DPFC 都停运。

2. 试验条件

（1）双回线 DPFC 均处于运行状态，若处于旁路充电状态，需先将双回线 DPFC 由旁路充电转运行；

（2）试验中应确保线路电流不低于最小运行限值，不高于线路电流上限；

（3）适当提高双回线 DPFC 指令值，使单相注入电压超过单个子模块输出上限。

3. 试验步骤

（1）按照试验条件设置系统的初始状态；

（2）指挥下令，在"功率控制"下设置双回线 DPFC 功率指令为 $P_{ini} - 100MW$（对应输出电压约为 $-1kV$），功率调节速率为 50MW/min；

（3）等待系统进入稳态运行；

（4）指挥下令，置数模拟甘福 2U22 线 A 相 1#子模块停运命令；

（5）核实甘福 2U22 线 A 相 1#子模块旁路，其余子模块正常运行，甘福 2U22 线 B 相、C 相以及甘祥 2U21 线 A 相、B 相、C 相各有一个子模块处于零压解锁状态，其余子模块正常运行，子模块出力提升；

（6）指挥下令，将控制模式由"功率控制"切换到"电压控制"；

（7）指挥下令，置数模拟甘福 2U22 线 B 相 2#子模块停运命令；

（8）核实甘福 2U22 线 A 相 1#、B 相 2#子模块旁路，甘福 2U22 线 C 相以及甘祥 2U21 线 A 相、B 相、C 相各有一个子模块处于零压解锁状态，其余子模块正常运行，DPFC 出力不变；

（9）指挥下令，将控制模式由"电压控制"切换到"阻抗控制"；

（10）指挥下令，置数模拟甘福 2U22 线 C 相 3#子模块停运命令；

（11）核实甘福 2U22 线 A 相 1#、B 相 2#、C 相 3#子模块旁路，甘祥 2U21 线 A 相、B 相、C 相各有一个子模块处于零压解锁状态，其余子模块正常运行，DPFC 出力不变；

（12）指挥下令，置数模拟甘祥 2U21 线 A 相 1#子模块停运命令；

（13）核实甘福 2U22 线 A 相 1#、B 相 2#、C 相 3#、甘祥 2U21 线 A 相 1#子模块旁路，甘祥 2U21 线 B 相、C 相各有一个子模块处于零压解锁状态，其余子模块正常运行，DPFC 出力不变；

（14）指挥下令，置数模拟甘祥 2U21 线 B 相 2#子模块停运命令；

（15）核实甘福 2U22 线 A 相 1#、B 相 2#、C 相 3#以及甘祥 2U21 线 A 相 1#、B 相

2#子模块旁路，甘祥 2U21 线 C 相的一个子模块处于零压解锁状态，其余子模块正常运行，DPFC 出力不变；

（16）指挥下令，置数模拟甘祥 2U21 线 C 相 3#子模块停运命令；

（17）核实甘福 2U22 线 A 相 1#、B 相 2#、C 相 3#以及甘祥 2U21 线 A 相 1#、B 相 2#、C 相 3#子模块旁路，其余子模块正常运行，DPFC 出力不变；

（18）指挥下令，将控制模式由"阻抗控制"切换到"功率控制"；

（19）指挥下令，置数操作，模拟甘福 2U22 线 A 相剩余模块依次保护动作至剩余 1 个子模块；

（20）核实甘福 2U22 线 A 相剩余子模块正常运行，甘福 2U22 线 B 相、C 相各仅有 1 子模块运行，其余子模块旁路或处于零压解锁状态，甘祥 2U21 线 A、B、C 相各仅有 1 子模块运行，其余子模块旁路或处于零压解锁状态；

（21）核实由于指令值超过单个子模块输出上限，子模块出力 100%，无法达到指令值；

（22）指挥下令，置数操作，模拟甘福 2U22 线 A 相最后一个子模块保护动作；

（23）核实子模块无冗余保护动作，双线 DPFC 由运行转旁路充电；

（24）指挥下令，恢复置数。

4. 验收标准

双回线 DPFC 系统中，DPFC 的一相出现子模块旁路，该组 DPFC 的另两相和另一组 DPFC 的三相均需同步进行调整，以保持双回线 DPFC 三相平衡。在可调控范围内输出电压不变，正常子模块输出电压增加，系统保持正常运行。当指令超出子模块输出范围，子模块输出电压达到 100%，系统保持正常运行。当一组 DPFC 的一相所有子模块全部旁路，子模块无冗余保护动作应动作，双回线 DPFC 由运行转旁路充电。

7.3.5.8 过载试验

双回线条件下的过载试验与 7.3.4.8 单回线过载试验类似，验证双回线 DPFC 启动时线路过载，可将线路电流限制于过载限值。

试验中，先将双回线过载电流限值都设置为小于当前线路电流值，核实双回线 DPFC 启动后可随即将双回线电流值均限制于过载电流限值。在调节感性出力使得双回线电流值降至过载电流限值以下后，再恢复过载电流限值。此时，再减小感性出力，应核实 DPFC 输出电压逐渐下降，双回线电流逐渐上升，当双回线电流升至过载电流限值后维持不变。在不同控制模式下，双回线 DPFC 应均可将线路电流限制于过载限值，并进一步增大感性出力，控制双回线电流下降。

7.3.5.9 双线转单线无过载试验

1. 试验目的

验证双回线运行模式转单线运行模式后单回线电流小于过载限值的控保逻辑。

2．试验条件

（1）双回线 DPFC 均处于运行状态；

（2）试验中应确保线路电流不低于最小运行限值，不高于线路电流上限。

3．试验步骤

（1）按照试验条件设定初始状态；

（2）指挥发令，设置"功率控制"的功率调节速率为 50MW/min，功率指令值为 P_1（不超过单线功率限值），逐渐提升双线总功率至 P_1；

（3）检查波形，记录事件及截屏；

（4）调度下令，将甘祥 2U21 线由运行转为热备用（注意先拉开祥福站侧交流断路器）；

（5）核实甘祥 2U21 线 DPFC 由运行转旁路充电，甘祥 2U21 线两侧的交流断路器断开；

（6）核实甘福 2U22 线功率达到 P_1，未超单回线功率限值，检查波形，记录事件及截屏。

4．验收标准

DPFC 双回线运行模式转单线运行模式后，停运线路 DPFC 自动停运，不影响另一条线路 DPFC 的正常运行，且所有的双回线功率全部转移至单回线路。

7.3.5.10　双回线转单回线过载试验

1．试验目的

检验与考核双回线运行模式转单回线运行模式后，因线路过载，单回线 DPFC 出力上升的控保逻辑。

2．试验条件

（1）双回线 DPFC 均处于运行状态；

（2）试验中应确保线路电流不低于最小运行限值，不高于线路电流上限。

3．试验步骤

（1）按照试验条件设定初始状态；

（2）指挥发令，设置"功率控制"的功率调节速率为 50MW/min，功率指令值为 P_1（超过单线功率限值），逐渐提升双回线总功率至 P_1；

（3）指挥下令，修改甘祥 2U21 线线路过载限值（对应功率 P_2），使其小于当前双线电流值之和（对应功率 P_1）；

（4）调度发令，停运甘福 2U22 线；

（5）核实甘福 2U22 线 DPFC 由运行转旁路充电，核实甘福 2U22 线两侧的交流断路器断开；

（6）核实甘祥 2U21 线 DPFC 将甘祥 2U21 线的线路功率限制在 P_2，检查波形，记录事件和截屏；

（7）指挥下令，恢复线路过载限值，甘祥 2U21 线 DPFC 调节出力，甘祥 2U21 线线路功率恢复至 P_1。

4. 验收标准

双回线运行模式转单回线运行模式后，停运线路 DPFC 自动停运，不影响另一条线路 DPFC 的正常运行，且单回线 DPFC 可在调节范围内限制线路功率在过载限值内。

7.3.6 短路试验

以湖州 220kV DPFC 示范工程在甘祥 2U21 线 A 相开展人工短路试验为例，介绍双回线 DPFC 短路试验的目的、条件、步骤及验收标准。

1. 试验目的

（1）验证 DPFC 耐受交流短路电流能力；

（2）验证 DPFC 控制保护与交流保护的配合；

（3）验证 DPFC 的快速重启动逻辑。

2. 试验条件

（1）天气晴好，风力小于 6 级；

（2）单回线试验、双回线试验等系统调试项目均已完成并通过验收，已完成 DPFC 试运行；

（3）完成交流电网潮流及短路电流核算；

（4）试验组织机构成立并发文；

（5）短路试验方案已经得到批准；

（6）短路试验的调度方案得到批准；

（7）试验期间的事故紧急处理措施和预案已拟定并得到批准；

（8）完成交流断路器不带电传动试验；

（9）所有保护已按主管部门下达的定值正确整定；

（10）投入祥福变电站和甘泉变电站母联断路器过流保护作为后备保护，过流保护延时为 0.3s；

（11）运行方式已按试验方案调整完成，即正母线上仅安排甘祥 2U21 线；

（12）试验线路的门型框已安装完毕；引线长度调整完成；

（13）在甘祥 2U21 线上安装门型框后，甘福 2U22 线运行，甘祥 2U21 线停运，并保证潮流可控；

（14）DPFC 的故录、PCP 录波以及甘泉变、祥福变两个变电站的交流故录波形读取正常，且有专人负责观察、提取录波；

（15）试验沿线、试验场地及变电站内安全措施已布置到位；短路点附近设置安全遮栏，人工短路接地试验过程中试验人员与短路点至少保持 30m 安全距离，并派专人监护；

（16）短路试验场地、通信、照明、消防、安全设施均已完好、就位；

（17）DPFC以及甘祥2U21线、甘福2U22线线路保护的厂家技术支持人员已到位。

3. 试验步骤

湖州220kV DPFC人工短路试验工作流程如图7-7所示。

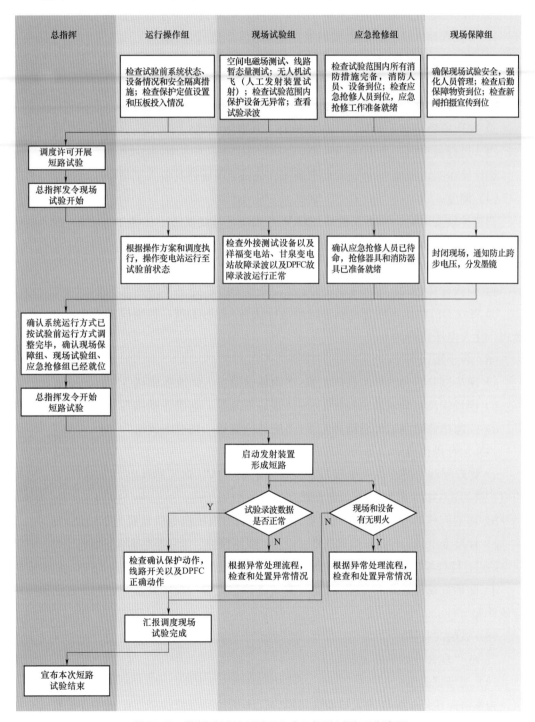

图7-7　湖州220kV DPFC人工短路试验工作流程

（1）现场保障组：

a）确认所有临时接地线已取下；

b）确认短路试验场地现场人员已撤离；

c）确认接地点试验现场已完成封路，现场人员退到试验场地遮栏外（距短路点 30m 以外），确认观摩人员已发放墨镜等保护设备。

（2）应急抢修组：

a）确认试验范围内所有消防措施完备；

b）确认消防人员、设备到位；

c）确认应急抢修人员到位，应急抢修工具准备就绪。

（3）运行操作组：

运行操作组汇报调度："试验前准备工作完成，现场已具备人工短路接地试验条件"。

（4）调度：

调整甘泉变电站、祥福变电站 220kV 方式，正母线仅留下甘祥 2U21 线。投入祥福变电站、甘泉变电站母联过流保护作为线路的后备保护，延时为 0.3s。

（5）运行操作组：

a）确认甘祥 2U21 线、甘福 2U22 线、双线 DPFC 处于旁路充电状态；

b）将双 DPFC 由旁路充电状态转至运行状态，此时 DPFC 控制模式为注入电压控制模式，注入电压指令为 0V。

（6）各小组：

a）现场试验组向试验总指挥汇报："现场试验组一切准备就绪"；

b）现场保障组向试验总指挥汇报："现场保障组一切准备就绪"；

c）应急抢修组向试验总指挥汇报："应急抢修组一切准备就绪"。

（7）运行操作组：

a）将双回线 DPFC 注入电压指令设置为 1383.75V（对应感性出力 25%），记录此时的电抗值为 3.53Ω（根据现场实测数据）；

b）将双回线 DPFC 控制模式设置为电抗控制，电抗指令值设置为 3.53Ω；

c）甘泉变电站运行操作组确认本站设备、线路保护、母联断路器保护状态正常，祥福变电站运行操作组确认本站设备、线路保护、母联断路器保护状态正常以及 DPFC 状态正常；

d）随后向试验总指挥汇报："运行方式已调整完毕，现场具备开展人工短路接地试验条件"。

（8）试验总指挥：

发令："现在开始短路试验"。

（9）现场试验组：

方案 1：现场试验组无人机操作员操作无人机拉升引弧线至指定高度，引弧线与引弧框金属管搭接，形成线路单相接地故障；

方案 2：倒计时为零时操作员发射弹射弹，引弧线搭接在门型框上，形成单相接地短路故障。

（10）运行操作组：

a）核实：甘祥 2U21 线保护单相跳闸、单相重合闸成功。当甘福 2U22 线短路电流超过保护限值，双线 DPFC 先闭锁之后重启恢复至初始运行状态；当甘福 2U22 线短路电流低于保护限值，甘祥 2U21 线先闭锁后重启恢复至初始运行状态，甘福 2U22 线先切换至注入电压控制模式，出力降为 0，之后再恢复至初始运行状态。

b）向试验总指挥汇报"断路器动作正常、DPFC 工作正常"。

（11）测试录波小组：

a）检查 DPFC 的 PCP 录波以及故录波形、祥福变电站、甘泉变电站的交流故录波形，着重观察母联断路器位置、线路断路器位置、线路保护动作及重合闸信号、母联保护动作信号、线路断路器电流、母联断路器电流、两条母线电压、电磁场数据，确认 220kV 甘祥 2U21 线线路保护以及双回线 DPFC 保护动作的正确性。

b）向试验总指挥汇报："保护正确动作"。

（12）试验总指挥发令："短路试验结束"。

（13）运行操作组：

a）双回线 DPFC 由运行转为旁路充电状态。

b）汇报调度"短路试验结束"。

（14）调度：甘祥 2U21 线、甘福 2U22 线由运行转为检修。

（15）运行操作组：退出祥福变电站、甘泉变电站母联断路器过流保护。

4. 验收标准

若甘福 2U22 线故障电流达到过流定值：

（1）甘祥 2U21 线发生交流线路瞬时故障，甘祥 2U21 线、甘福 2U22 线同时过流，触发双线 DPFC 的过流保护动作，导致双回线 DPFC 闭锁旁路；

（2）甘祥 2U21 线两端的线路断路器跳开；

（3）故障发生 1s 后故障线路两端的线路断路器重合，由于瞬时故障，重合成功，电流恢复；

（4）故障发生 1.5s 后下发重启命令，BPS 开关分开（60ms），模组通过 TA 取能建立通信，KM 开关的储能回路开始充电；

（5）故障发生 4.5s 后双回线 DPFC 子模块开始逐一解锁，故障发生 5s 后 DPFC 所有子模块解锁完成，此时双回线 DPFC 运行于电抗控制模式，控制指令为 0Ω；

（6）故障发生 6s 后双回线 DPFC 调整控制指令，并在 1s 内恢复至故障前的水平。

若甘福 2U22 线故障电流未达到过流定值：

（1）甘祥 2U21 线发生交流线路瞬时故障，甘祥 2U21 线过流，触发甘祥 2U21 线 DPFC 的过流保护动作，导致甘祥 2U21 线 DPFC 闭锁旁路。甘福 2U22 线故障电流未达到过流定值，甘福 2U22 线 DPFC 仍处于运行状态，控制模式不变，但受限于三相电流不平衡，出力被限制为 0；

（2）甘祥 2U21 线两端的线路断路器跳开；

（3）故障发生 1s 后故障线路两端的线路断路器重合，由于瞬时故障，重合成功，电流恢复；

（4）重合 1s 后，甘福 2U22 线由电抗控制模式切换成电压控制模式，出力降为 0；

（5）故障发生 1.5s 后下发重启命令，甘祥 2U21 线 DPFC 的 BPS 开关分开（60ms），模组通过 TA 取能建立通讯，KM 开关的储能回路开始充电；

（6）故障发生 4.5s 后甘祥 2U21 线 DPFC 的子模块开始逐一解锁，故障发生 5s 后 DPFC 所有子模块解锁完成，此时甘祥 2U21 线 DPFC 运行于电抗控制模式，控制指令为 0Ω；

（7）故障发生 6s 后甘福 2U22 线 DPFC 控制模式由注入电压控制切换至电抗控制，随后双回线 DPFC 同时调整控制指令至初始指令，并在 1s 内恢复至故障前的水平。

8 分布式潮流控制器的工程应用

8.1 国外分布式潮流控制器的工程应用

8.1.1 爱尔兰 DPFC 示范项目

8.1.1.1 概述

过去十几年内，可再生能源如风能发电量显著增加。虽然这可让人们远离碳，但是与以往发电不同的是可再生能源具有随机波动性和间歇性，不能提供可预测的、连续的潮流。这些特点给世界各地的电网带来了相当大的挑战，对现有输电基础设施的灵活性和响应能力提出了更高的要求。2016 年，爱尔兰国有电力供应商 EirGrid 和 Smart Wires 公司合作将分布式潮流控制器产品 Smart Valve 首次安装在爱尔兰西部的卡什拉—埃尼斯 110kV 输电线路两个变电站的输电塔上，通过增加或减少电抗实时控制线路潮流。Smart Valve 可动态推动潮流从拥挤的线路到具有备用容量的其他线路以防止系统过载，从而使电网运营商通过动态调整电抗来管理潮流。该示范工程为 EirGrid 优化现有电网，减少新基础设施建设提供了很好的解决方案。

该示范工程共安装 3 台 DPFC 子单元（Smart Valve），其中有两台安装在从高威县 Cashla 变电站出来的第一座塔上，另外一台安装在同一线路上从埃尼斯变电站出来的第一座塔上。Smart Valve 采用带串联变压器的电压源变换技术，单台质量约为 600kg。现场测试时线路电流约为 500A，DPFC 向线路注入容性/感性电压约 80V，总容量约 120kvar。

8.1.1.2 Smart Valve 简介

在爱尔兰 DPFC 示范项目中，Smart Valve 采用带串联变压器的电压源变换技术，其工作原理是使用与线路串联的电力电子设备向线路注入特定电压，当设备串联注入电压时，称为注入模式；当设备没有注入串联电压时，称为监视模式。Smart Valve 可以自动或由操作员手动从监视模式切换到注入模式。

与传统的串联补偿/潮流控制装置相比，Smart Valve 具有许多优点：它是一种轻型和模块化的技术，可以安装在输电耐张塔上、成组布置于空旷场地或变电站中；它可以快速地安装和卸载，允许根据电网的需要提供扩展或移动解决方案。这些优点使得 Smart Valve 成为一种可持续、有效和具有成本效益的优化电网潮流的方式。

8.1.1.3 现场安装

1. 2016 年 6 月试验安装

试点项目中，3 个 Smart Valve 单元安装在卡什拉—埃尼斯 110kV 输电线路上。安装位置考虑了现有铁塔承受重量的能力，还考虑了极端的环境条件，如大风和冰荷载。

这 3 套设备之一首先被安装在韦斯特米斯县金纳加德的一个变电站的一条新建但尚未通电的输电线上，以便项目团队获得安全安装 Smart Valve 单元的操作经验。

2. 2016 年 10 月完成安装

两台 Smart Valve 安装在从高威县 Cashla 变电站出来的第一座塔上，如图 8-1 所示，剩余的单元被安装在同一线路上从埃尼斯变电站出来的第一座塔上。

图 8-1　Smart Valve 安装示意图（引自 Smart Valve Pilot Project 2016）

8.1.1.4 现场测试

1. 运行测试

EirGrid 在一年的试验期内测试了关键运行措施，包括设备的可用性和可靠性评估。

可用性度量是关键，可用性度量单元通信的时间百分比要求每次扫描之间不超过 60s 的延迟。当处于监控模式和注入模式时，Smart Valve 单元具有 99.9%的可用性。在此期间，数据每 10～15s 从各 Smart Valve 单元传输到服务器，然后存储这些数据用于离线分析和运行性能的评估。

2. 通信与控制

Smart Valve 单元通过 SmartWires 公司通信平台进行控制，这使得 EirGrid 能够检查 Smart Valve 单元的位置和可用性，同时也允许远程控制装置切换到注入模式，并检查系统参数，包括线路电流和线路温度。这些信息对电网运行人员非常有用，尤其是在电网遭遇天气事件或受其他异常情况影响时。

3. 功能测试

2016 年的试验期间，EirGrid 对放置在 Cashla-Ennis 线路上的 Smart Valve 单元进行了潮流研究测试，测试展示了单元从全电容注入模式切换到全电感注入模式的效果。

测试前预计会产生 ±0.07Ω 的电抗变化（对应 0.33% 线路电抗，数值根据运行冬季线路运行额定电流 1149A 计算得出）。现场试验结果较预期性能有提高，Smart Valve 实现了 ±0.181Ω 的调节范围，即 0.83% 的线路电抗。

测试中线路运行电流低于其额定电流，Smart Valve 装置对在低电流运行下线路的牵引功率有很大影响，增加了线路灵活性。

图 8-2 给出了 Smart Valve 在 2017 年 10 月试验期间容性及感性注入的电压、阻抗曲线图。其中，红线代表单元注入的电抗（以欧姆为单位），显示了单元可预测的可靠性能；橙线代表 Smart Valve 单元的等效电压注入（以伏特为单位），测试期间最大电压约为 ±80V。

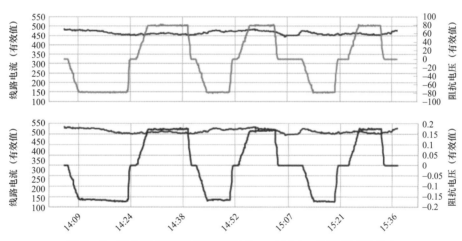

图 8-2　爱尔兰 DPFC 示范工程 Smart Valve 容性及感性注入

4. 故障时的性能

在故障情况下，这些 Smart Valve 单元能快速进入旁路模式，旁路后在电气上对电网的其他元件没有影响。Smart Valve 单元在系统故障期间按预期运行。

5. 与保护的相互作用

装设 Smart Valve 单元不需要对现有的交流系统保护进行任何更改。在一年的试验过程中，Smart Valve 没有出现对交流保护系统的不利影响。

6. 恶劣天气条件下的结构评估

继 9 月的 Smart Valve 测试之后，爱尔兰在 2017 年 10 月 16 日遭受了奥菲利亚飓风的袭击，此次飓风中 Smart Valve 正常运行，其结构稳定性得到了验证。

8.1.2 美国哈德逊市中心 DPFC 示范项目

8.1.2.1 概述

美国中央哈德逊燃气电力公司（Central Hudson Gas and Electric Corporation，简称 Central Hudson）为纽约州哈德逊山谷地区的大约 302 000 个电力客户和 80 000 个天然气客户提供电力和天然气输配服务。Central Hudson 公司参与纽约市电网年度规划研究，在 2009~2011 年度研究中，确定 UPNY-SENY 供电通道潮流受限，建议在 345kV Leeds-Hurley Ave 输电线路按照 21%比例安装串联补偿设备，以保证输电线路实现设计的满容量运行。

根据 Central Hudson 公司在玛西（Marcy）变电站串补项目中的工程经验以及对 UPNY-SENY 输电通道继电保护研究情况，装设传统的串联补偿系统可能对上述输电通道的继电保护设计造成不可忽视的影响，Central Hudson 公司判断装设传统串补后带来的电压、电流相位变化以及次同步谐波频率暂态变化等可能需要对继电保护装置进行升级，使得成本大为增加。

Central Hudson 评估了一种基于静态同步串联补偿器（SSSC）和线路故障期间快速旁路的独特方法相结合的替代潮流控制技术。模块化 SSSC（M-SSSC）是 M-FATAS（modular Flexible AC Transmission System）器件家族的成员。Central Hudson 的分析结论是，与最初提议的系列补偿相比，该解决方案将显著减少系统影响，从而降低成本并提供额外的效益。

为了在安装完整解决方案之前熟悉该技术，Central Hudson 决定在大规模部署之前安装一个小型部署的 M-SSSC 技术，作为试用期。由 3 个 Smart Valve 及其相应的 Smart Bypass 装置组成的示范装置安装在哈德逊中心的 115kV OR 线路上，该线路从 Sturgeon Pool 变电站延伸至 Ohioville 变电站。通过这个小规模示范项目，Central Hudson 积累了经验。

8.1.2.2 Smart Valve 及控制系统简介

1. Smart Valve 及 Smart Bypass 简介

Central Hudson 公司 DPFC 示范项目中的 Smart Valve 采用无串联变压器的电压源变换技术，是 Smart Wires 公司开发的新一代模块化静态同步串联补偿器（M-SSSC）。M-SSSC 的主要思想是提供一个可快速安装和拆卸的模块化补偿设备解决方案，可允许用户根据电网变化情况装卸 Smart Valve。

Smart Valve 的工作原理是注入与线路电流正交的超前或滞后电压，从而有效地等效增加或降低所在线路的电抗。因此，这种装置可以将电源从各种线路"推"开或"拉"到不同的线路上，从而将电流从过载线路转移到未充分利用的线路上。Smart Valve 提供了与串联电容器或串联电抗器类似的功能，但不具有这些无源器件的负面特性，例如与串联电容器发生次同步谐振的风险。Smart Valve 在线路电位下工作，并且没有接地。

图 8-3（a）说明了 Smart Valve 的基本电气配置，该装置是一种固态同步电压源，由 H 桥型电压源逆变器组成。逆变器控制电路通过电流传感器（TA3）测量线路电流，

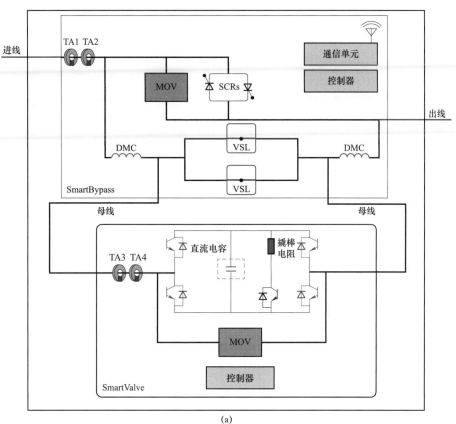

(a)

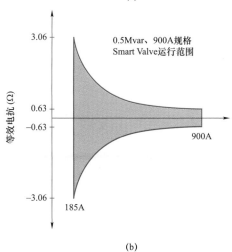

(b)

图 8-3　Smart Valve 原理及运行范围示意图

（a）系统原理；（b）运行范围

根据给定的输出电抗指令，闭环控制给出注入输电线路的交流电压值。图 8-3（b）给出了额定容量 0.5Mvar 的 Smart Valve 设备输出电抗值与输电线路电流的关系曲线。曲线中，橙色包络线表示 Smart Valve 在最大输出交流电压（±566V）、不同输电线路电流水平下可注入线路的最大电抗值，该规格 Smart Valve 额定持续运行电流为 900A 交流电流；灰色区域是 Smart Valve 不同输出电压、线路不同输送电流水平下的注入电抗变化范围。

图 8-3（a）中 Smart Valve 与 Smart Bypass 单元组合使用，在正常运行情况下，Smart Bypass 允许对 Smart Valve 进行旁路切换，并可以在线路故障情况下为设备提供快速保护。Smart Bypass 检测到线路故障电流时，会自动触发反并联快速晶闸管（SCR），在 1ms 内将 Smart Valve 旁路。Smart Bypass 可保证正常运行情况下数千安培线路电流通流，并可在故障时承受高达 63kA 有效值、持续时间 1s 的故障电流。Smart Bypass 也可以在稳态运行下通过"监控模式"控制闭合，此时设备的遥测信息仍会通过通信系统发送回变电站。

Smart Valve 可采用以下四种控制方法：

（1）以固定电压注入：Smart Valve 设置为输出容性或感性的固定电压注入。在这种控制方法中，注入电抗随线路电流的变化而变化。

（2）以固定电抗注入：在这种控制方法中，Smart Valve 被设置为模拟电容性或感性的固定电抗。在这种控制方法中，注入电压将随着线路电流的变化而变化，以使电抗保持在设定值。

（3）电流控制：在此控制方法中，Smart Valve 可主动调节流入负荷的电流幅值保持在给定的电流水平下。

（4）设定点控制：在此控制方法中，智能阀组被设置为输出预设电抗或电压值。操作员可以在各种预设中进行选择。

安装在 Ohioville 变电站的 0.5Mvar/900A 单相 Smart Valve 及 Smart Bypass，实物如图 8-4 所示，通常线路安装时三相需要均衡配置。其额定参数如下：

图 8-4　0.5Mvar Smart Valve

（1）最大持续电流（有效值）：900A；

（2）50Hz 和 60Hz 下的最大电压注入（有效值）：±566V；

（3）最大 2 小时应急电流（有效值）：990A。

2. 控制系统简介

Smart Valve 的控制系统示意如图 8−5 所示。

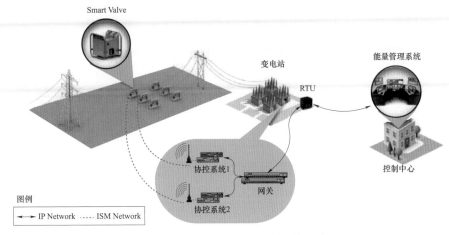

图 8−5 Smart Valve 的控制系统示意图

控制室内 PowerLine Coordinator（协调控制器）和 PowerLine GateWay（网关）设备通过电缆连接到天线和公用事业公司的 SCADA 和/或 EMS，如图 8−6 所示。

控制系统采用无线通信，使用两个不同的频段，分别是 900MHz 和 2.4GHz。相间 Smart Bypass 单元之间使用 2.4GHz 的通信，而在 PowerLine Coordinator 和 Smart Bypass 之间使用 900MHz。Smart Bypass 通过捆绑在电源/控制电缆内的光纤连接与 Smart Valve 通信。PowerLine Coordinator 与 Smart Bypass/Smart Valve 现场装置之间的即时通信要求不高，但要求可对其进行设置更改或状态查询。Smart Bypass 和 Smart Valve 各自均有独立控制器，但只有 Smart Bypass 具有无线通信模块，因此 PowerLine Coordinator 和 Smart Valve 之间的所有消息都必须通过 Smart Bypass 进行传输，如图 8−3（a）所示。

Smart Valve 控制系统网络通信及控制安全性示意如图 8−7 所示，控制系统针对子单元、网络设备、HMI 和 RTU 采取了如下安全措施：

（1）子单元：用于消息完整性的 SHA−256 HMAC；设备出厂时随机，在现场加密；用于密钥和身份验证的 AES−128 加密。

（2）PowerLine Coordinator and Gateway：用于消息完整性的 SHA−256 HMAC；使用共享密码短语进行身份验证；带双因素身份验证的强化操作系统。

（3）HMI：用于消息完整性的 SHA−256 HMAC；使用共享密码短语进行身份验证；基于角色的访问控制和 AD 支持。

（4）RTU：SCADA 协议使用本机机制进行保护。

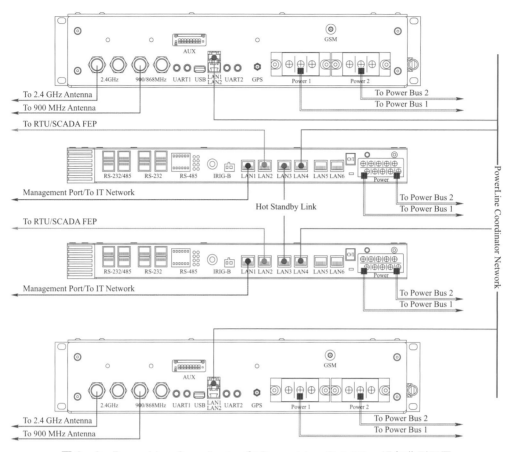

图 8-6 PowerLine Coordinator 和 PowerLine GateWay 设备典型配置

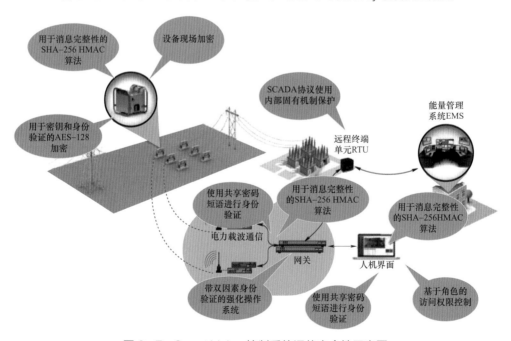

图 8-7 Smart Valve 控制系统通信安全性示意图

8.1.2.3　现场测试

1. 功能测试

现场测试验证设备注入模式改变能否有效改变线路电流。考虑对线路电流的影响不仅取决于注入电压，还取决于网络特性和运行条件。因此，该测试只对电流变化进行定性观察，而不是为了验证确定等级的线路电流变化。2019 年 6 月进行的现场演示包括以下通信网络的重新初始化，通过人机界面（HMI）和 SCADA 进行注入测试等。

（1）通信网络的重新初始化。

该试验是为了观察通信设备是否通电，以及所有组件之间的连接是否建立（所有组件都加入网络、重新验证和通信）。

在初始安装过程中，通过 Smart Wire 公司完成了与物理组件匹配的设备配置。在演示过程中，Smart Wires 演示了如何执行此配置，显示了如何输入现场设备序列号。

Smart Wire 公司在工厂中预先配置了系统的其余部分。因此，在现场的过程基本上如下：一旦设备通电，装置连接到 PowerLine Coordinator。当接收到 PowerLine Coordinator 无线电信号时，加入并等待认证。作为身份验证过程的一部分，装置从 PowerLine Coordinator 接收密钥，用于加密保护所有消息。

为了在现场演示过程中模拟此过程，Smart Wires 更改了网络标识符以强制所有设备脱离网络，要求重复上述过程。

（2）通过人机界面（HMI）进行注入试验。

执行该测试是为了验证设备是否能够通过 Smart Interface（通信接口单元）从变电站进行本地控制。它包括验证从 HMI（基于变电站的 Smart Interface）发送的信号、设备的响应以及 HMI 响应验证。

一旦系统带电，就开始注入不同等级的电压，并保持注入几分钟，以使线路电流稳定下来，并为测量和观察提供足够的时间。现场只进行了电压注入试验。验证过程和验收标准如下：

1）通过 Smart Interface 验证：3 个单元都以配置的电压注入；不存在警报；所有图标指示正确。

2）在系统操作员处验证：不触发警报；注入电压百分比正确；相位 A、B、C 补偿值与本地界面匹配；A、B、C 相 Smart Bypass 模式；A、B、C 相 Smart Valve 模式；当没有注入电压时，所有装置都正确地返回到监控模式。

（3）通过 SCADA 进行注入试验。

该测试是验证设备是否能够通过 SCADA/EMS 进行远程控制。为了将 SCADA 中输入的命令可视化，在变电站控制室的墙上投影了一个屏幕副本，如图 8-8 和图 8-9 所示。通过变电站设备和 Smart Interface 以及测量日志验证相关变量的变化，验证注入状态和注入电压的变化，电路上的设备进入注入，并且观察到电流的变化。

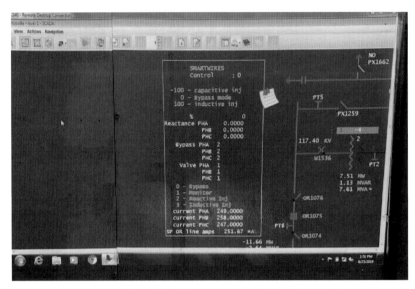

图 8-8　变电站控制室内 SCADA 界面-监视模式

Hudson 中心和 EPRI 人员通过对 HMI 屏幕和测量仪器的目视验证确认了结果。Smart Wire 公司还提供了测量日志的副本。表 8-1 总结了所进行的试验，并显示了试验期间测量的相关变量的稳态值，特别是相电流和线路两端的三相潮流。图 8-10 是执行试验期间的三相线路电流曲线图。

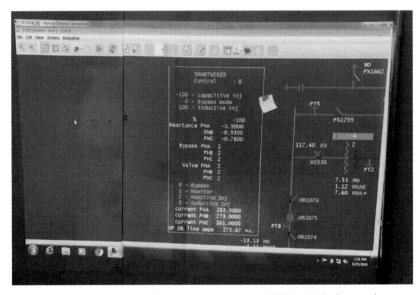

图 8-9　变电站控制室内 SCADA 界面-容性注入模式（500V）

表 8-1　　　　　　　　　注入测试结果

输出电压	模式	线路电流［A］			数据源	功率潮流				数据源
		A相	B相	C相		PX line［MW］	PX line［Mvar］	OR line［MW］	OR line［Mvar］	
500V	容性输出	265	276	265	HMI	−3	1.7	−12.1	−2.7	变电站监控
0V	监视状态	248	259	243	HMI	−4.3	2	−10.9	−3	变电站监控
250V	容性输出	256	267	256	HMI	−3	1.9	−12.5	−2.6	变电站监控
250V	感性输出	233	243	233	HMI	−4.5	2	−10.8	−3.1	变电站监控
500V	容性输出	224	232	224	HMI	−5.8	2	−9.4	−3.1	变电站监控
0V	监视状态	247	256	246	EMS					
500V	容性输出	268	278	266	EMS					

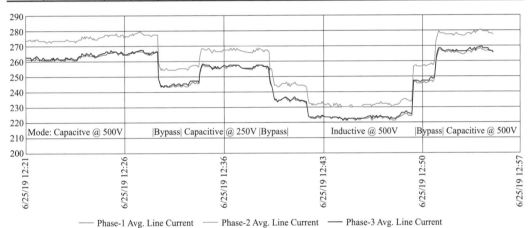

图 8-10　注入测试线路电流变化曲线

注入试验结果表明，Smart Valve 单元注入的电压能有效改变线路电流，可以观察到，当串联电压在电容模式下从 0V 分别增加到 250V 和 500V 时，线路电流增加；反之，进入感应模式时，线路电流减少。

2. 保护性能测试

安装在 Hudsdon 中心 Ohioville 变电站的 Smart Valve 装置设计用于在终端产生高达 566V 的交流电压。将这种电压注入载流导体会产生串联电抗，从而增加或降低电路的整体串联阻抗。注入阻抗的大小是注入电压的函数，注入电压可以动态控制，线路电流大小主要取决于电网的工作条件和 Smart Valve 本身的电抗。因此，Smart Valve 端子的注入电压和电抗之间存在非线性关系。

当串联在线路中时，Smart Valve 的感性或容性电抗将表现出类似于图 8-3（b）所示的电流电抗特性。图 8-10 中所示的数值与安装在哈德逊中央 Ohioville 变电站的设备的容量相对应。当 Smart Valve 工作电流逐渐增加到其额定电流时，其等效串联电抗逐渐减小。Ohioville 变电站的 Smart Valve 设备可以满足在 900A 最大过载电流下运行 2h，当线路电流过载情况下未超出此范围，Smart Valve 可以保证输出额定电压；如果超出此范围，Smart Valve 将自动旁路。

（1）Smart Valve 旁路及电网保护。

对于三相过流情况，所有三相上的 Smart Valve 装置将旁路。对于单相和两相故障，故障相上的 Smart Valve 将旁路，并命令未故障相的 Smart Valve 单元在 2ms 内旁路。有了这种性能，串联电抗对距离保护故障检测算法的影响可降至最低。

保护影响试验的目的是评估 Smart Valve 在应对附近故障和其他瞬态干扰时的实际性能。如果 Smart Valve 在设计时间 1ms 内旁路故障相，在设计时间 2ms 内旁路非故障相，则视为通过。

公布的性能表明，旁路开关将在检测到过电流情况的 2ms 内激活。如果能够实现这一性能，就认为 Smart Valve 不会对传统保护系统的性能产生影响。为了完全确定是否达到该性能，需要从保护继电器和数字故障记录器进行测量。

Schweitzer Engineering Labs（SEL）对哈德逊中央 Leeds Hurley 变电站计划安装的 Smart Valve 的保护配置进行了全面研究。SEL 利用与 Smart Wire 公司、Central Hudson 公司以及美国国家电网商定的设定系统条件和测试方案，批次模拟了范围较大的内部和外部故障，以研究 Smart Valve 部署对用于使 SEL 和 GE 继电器跳闸的保护元件的影响。研究包括 10～50Ω 范围内的高阻抗故障。电容补偿下的最大观测距离元件超限为 5%～7%，而感应补偿下的最大观测低限为 5%。这种性能取决于 Smart Valve 在电力系统故障发生后 2ms 内的旁路情况。

虽然 Smart Valve 和 Smart Bypass 将经过大量的实验室测试，以确保安全可靠地运行，但仍需谨慎地检查 Smart Valve 和 Smart Bypass 的故障对保护性能的影响。影响保护性能的 Smart Valve 和 Smart Bypass 装置的主要故障模式包括：故障期间未能旁路故障相；在单相或两相故障期间，未旁路非故障相；三相无故障不同控制方式或状态等。

（2）故障期间未旁路故障相。

如果 Smart Bypass 在故障期间无法旁路相关的 Smart Valve，则主要影响阻抗保护继电器。此类继电器连续测量被保护线路上的电压和电流；如果被保护线路发生故障，测量的阻抗将降至临界值以下，从而导致继电器向本地断路器发出跳闸命令，同时阻抗保护采用多阻抗区用于检测附近线路故障并提供远程后备保护。

如果 Smart Valve 无法旁路，则线路阻抗将大于预期，但通过适当的整定计算和设计，继电器仍能检测故障和跳闸。由于 Smart Valve 中的部件冗余，旁路故障的可能性很低。如果纵联系统，如方向比较闭锁（DCB）或允许超范围传输跳闸（POTT），通常应能扩展故障检测区域，以包括线路阻抗和 Smart Valve 的附加阻抗。在这种情况下，故障清除时间仍应在正常预期范围内。如果未使用纵联保护方案或纵联保护方案停止工作，则继电器仍应检测到故障，但跳闸时间可能会延迟。

在发生高电阻接地故障时，故障电流可能非常低，在某些情况下故障电流可能低于 Smart Valve 的旁通阈值。在被测输电线上，这是不可预见的问题，因为 Smart Valve 只会减少少量线路阻抗，且线路两端的故障电流水平相对较强。由此有必要进行全面的保护协调研究，以确定这种问题是否或何时是可信的风险。

（3）故障期间未旁路非故障相。

在这种情况下，输电线路故障相上 Smart Valve 正确旁路，但由于通信系统或其他系统发生故障，未故障相的 Smart Valve 单元不会旁通。与线路故障时三相设备均未旁路相比，这种情况影响不太严重，在大多数情况下不会影响阻抗保护性能，但在某些情况下非故障相未旁路的 Smart Valve 单元增加的阻抗可能会影响线路阻抗计算。若设备注入的阻抗较小，则预计不会产生影响。工程实施时有必要进行全面的保护配合研究，以确定这种问题的影响程度及风险。SEL 进行的研究结果表明，将不受故障影响的 Smart Valve 相单元旁路对继电器保护的正常运行不是必须要做的。

（4）相间不同控制模式或运行状态。

在正常运行期间，电网操作员可能需要改变 Smart Valve 的控制模式。如果控制命令不能送达三相 Smart Valve 单元，则三相装置可能以不平衡的方式运行。例如，A 相和 B 相上的 Smart Valve 注入电抗，而 C 相上的 Smart Valve 不注入电抗。这将导致线路出现不平衡阻抗以及不平衡（零序和负序）电流。如果该不平衡电流足够大，则可能超过接地过电流保护定值，导致保护误动。

这种情况可以通过系统设计优化将其概率最小化，如控制系统确认 Smart Valve 装置的指令反馈信号，并在未收到反馈时重复发送指令。或者如果启用相间平衡策略，若一相线路中串联的所有 Smart Valve 装置都不能进入电抗输出模式，则控制所有的 Smart Valve 停止输出。

当使用方向判断闭锁或方向判断接地故障纵联保护方案时，上述不平衡电流不太可能触发保护动作。线路两端的继电保护应具有类似的设置，并能正确判断线路是否存在故障。

8.1.3　欧盟 FLEXITRANSTORE 项目

8.1.3.1　概述

欧洲的可再生能源发电量正在快速增长，这将改变输电系统运营商（TSO）的电网设计和运行方式。希腊输电公司（IPTO）已经据此设定企业新的目标，争取成为欧洲效率最高的输电运营商之一。可再生能源的高渗透率导致系统拥塞是全球性的问题，而还在使用 150kV 输电系统提供电力服务的希腊伯罗奔尼撒地区可能出现更严重的拥塞问题。更重要的是，在希腊其他地区的输电系统上，可再生能源的渗透率仍在不断增长，导致更多的输电拥塞。减少可再生能源是缓解系统拥塞的一种可行选择，但是它要求系统运营商（调度机构）从输电系统的其他部分调度昂贵的电力以满足客户的需求。此举可能导致电价上涨、二氧化碳排放量增加。如果无法解决拥塞问题，则会降低开发商对可再生发电的兴趣。

为了增强和加速可再生能源与希腊电力系统的集成，同时防止弃风弃光，IPTO 正在测试模块化移动潮流控制技术（MPFC）。MPFC 技术使输电系统运营商可以控制其输电线路上的潮流。通过改变线路电抗，将电源从发生拥塞的架空线路转移到未充分利用的线路上。该解决方案允许输电系统运营商捕获传输系统上当前可用的多余容量。从策略上讲，在传输系统上安装 MPFC 可以为消纳更高比例可再生能源降低基础设施投资，并缩短可再生能源项目并网所需的时间。

8.1.3.2 MPFC 简介

MPFC 主要是由 Smart Valve 构成，其部署方式为移动式，通常是在输电线路的每相上串联部署多个设备。每个设备都以注入模式或监视模式运行。在注入模式下，每个MPFC 单元都可以注入正交电压来修改线路电抗。在监视模式下，电流流经设备，但线路电抗不受影响。通过串联更多的器件，可以增加最大注入电压。这些设备是有源的，没有无源设备的负面特性，例如，串联电容器的次同步谐振（SSR）风险和串联电抗器的恒定无功（VAR）消耗。这些设备是模块化的，允许分步骤投资策略。模块化同时实现快速部署，将规划和安装周期从数年缩短到数周；易于拆卸和重新部署，使输电运营商能够响应电网不断变化的需求。

8.1.3.3 安装与测试

灵活的 MPFC 解决方案可动态控制输电线路的阻抗，有效控制特定线路的潮流。控制程度可以根据电网的实时需求而变化，这可以提高系统整体利用效率，而无需大量的基础设施投资。希腊输电公司（IPTO）在希腊伯罗奔尼撒地区安装了 Smart Wires Inc.的移动 MPFC 技术。该装置是欧盟委员会 Horizon 2020 框架下 FLEXITRANSTORE（柔性输电与储能）项目资助的研究计划的一部分。IPTO 使用西门子 PSS/E 电网规划软件的模拟仿真确定了移动 MPFC 的安装位置。确定故障时可能的过载线路后，IPTO 按照增加线路阻抗的方案，在两条 150kV 并联单回路架空线路上，每条线路上装设一套 MPFC 进行建模研究。研究结果表明，部署移动式 MPFC 可以将所选传输线上的负荷减少 17%，如图 8-11 所示。如果没有部署 Smart Wires 移动式 MPFC（左图），线路 1 上的过载会限制可再生发电的潮流。线路 2 和 3（以及局部电网中的其他输电线路）上存在容量冗余。图 8-11 的右图中，1 号线路上的 Smart Wire 部署可减轻过载，负荷转移到 2 号和 3 号线路传输，从而提高系统利用率，允许更多可再生能源进入电力市场。

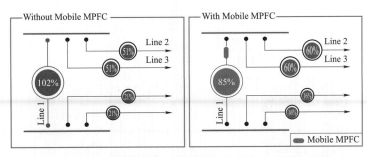

图 8-11　希腊伯罗奔尼撒地区安装 MPFC 效果示意图

移动式 MPFC 会增加传输线的阻抗，从而有效地将潮流转移到阻抗较小的线路。通过利用其他线路上的备用容量来解决热过载问题。确定过载的输电线路后，对 150kV 输电线路两侧的变电站进行评估，以确定移动式 MPFC 解决方案的最佳部署地点。对变电站的安装可行性进行了评估，包括坡度、现场表面材料、架空线导体的配置以及整个变电站的布置。在选择了首选站点后，便制定了计划，将移动式 MPFC 单元连接到输电线路和变电站开关场。准备工作还包括进行完整的现场勘察。

安装移动式 MPFC 单元的主要步骤如下。

（1）受过专业训练的人员使用电钻固定拖车支腿，然后将 Smart Wire 功率流控制设备提升到适当的电气安全距离。

（2）安装电晕环并完成了设备之间的电气连接。在输电线路带电情况下完成了步骤（1）和（2）。

（3）将高架输电线路停电并接地，IPTO 小组将每相导体连接到 Smart Wires 潮流控制设备的外部焊盘。在此过程中使用了斗臂车连接架空线。

架空线连接需要临时安装电线杆，以支撑线路的短连接线。出于空间考虑，IPTO 需要在架空线路中部接入 MPFC，以垂直方式过渡到水平线路。这些空间和布局方面的挑战要求团队开发了一种架空线的替代方法，同时必须保持必要的相间电气安全距离。整个安装过程花了 5 天、1 辆斗臂车和 8 个现场工作人员。架空线的停电时间不到 24h，分布在两个工作日内。对于考虑使用该技术的其他公用事业公司，场地特征（例如场地的坡度，场地表面材料，如土壤、砾石或混凝土，架空线导体的配置，母线结构和其他因素）会影响总安装时间。在 IPTO 的协助下，Smart Wires 从该项目的开发过程学习到一些特定的技术，包括取消内部起重系统，而从外部起吊多个设备和绝缘框架。与 IPTO 上安装的 2.3Mvar 单元相比，市售的移动式 MPFC 是 15Mvar 单元，它可以安装在最高 275kV 的系统电压上，并由 4 名工人在 4h 内安装完成。利用现场起重机可以加快此过程。

安装在 IPTO 变电站的 Smart Wires 移动装置如图 8-12 所示。

图 8-12　安装在 IPTO 变电站的 Smart Wires 移动装置

8.2　国内分布式潮流控制器的工程应用

8.2.1　浙江杭州 DPFC 示范项目

8.2.1.1　工程必要性

随着高压直流输电、新能源发电在浙江电网接入规模的不断扩大，大容量电源分层接入电网后的潮流控制与新能源灵活消纳问题日益突出，电网运行过程中潮流波动大、分布不均衡现象造成部分供电断面限额偏低，制约电网供电并降低电网运行效能。

浙江杭州地区电网规模大、负荷重且分布不均匀、系统穿越潮流及短路电流控制方式使得杭州电网潮流波动及潮流不均匀问题十分突出，如瓶窑—杭州供区湖瓶 2414、湖瓶 2418、窑大 2412 三线断面潮流分布问题限额不可控。考虑湖瓶 2414、湖瓶 2418 双线同杆故障，窑大 2412 线潮流 569MW，大大超过线路短时输送能力，如图 8-13（a）所示。

为解决供电瓶颈及断面超限问题，目前国内外除了加强电网建设外，还探索采用潮流控制技术来解决这类问题。分布式潮流控制器（DPFC）是一种新型的柔性潮流控制技术，主要通过控制分布式潮流控制器各子单元向系统注入与相位线路电流垂直的无功电压，调节该无功电压的大小和相位（超前或滞后于线路电流相位），进而实现对系统潮流的控制。在浙江电网应用 DPFC 将有效提升浙江局部电网 220kV 系统潮流输送能力，提高电网运行效率与安全稳定性。

经潮流计算分析，在浙江杭州的瓶窑—大陆线路加装 8 级共 24 个 DPFC 控制单元，总容量为 25.9MVA，可解决瓶窑—天湖双回线停运方式下瓶窑—天湖潮流超限引起的系统安全稳定问题。DPFC 投入应用后，可动态转移线路潮流 150MW，瓶窑—大陆线路潮流从 569MW 调节到 422MW，使该地区电网输电能力提升 150MW，如图 8−13（b）所示。因此，将 DPFC 装置分别安装在杭州电网的瓶窑—大陆 2412 线路上，可动态优化线路阻抗特性，有效控制系统潮流大范围转移，减少或避免故障或者线路检修后电网限制负荷，显著提升当地电网的输电能力，其容量和布置地点较理想。

图 8−13　杭州供区电网潮流分布示意图

（a）加装 DPFC 前；（b）加装 8 级 DPFC

8.2.1.2　DPFC 工程简介

杭州 DPFC 工程的主要技术指标如表 8−2 所示。

表 8−2　　　　　　　　　杭州 DPFC 工程主要技术参数

序号	项目	技术参数
1		基本参数
1.1	交流系统额定电压	220kV（线电压）
1.2	交流系统最高电压	242kV
1.3	DPFC 额定工作电流	1800Arms
1.4	DPFC 短时最大电流	2136Arms（30min）
1.5	短路电流水平	50kArms/125kApeak
1.6	雷电流水平	110kApeak（2.6/50μs）
2		杭州 8 级 DPFC 参数
2.1	最大输出电压	4800V
2.2	额定容量	8.64MVA/每相
2.3	供能方式	自取能
2.4	最小工作电流	120Arms
2.5	散热方式	自冷散热
3		子单元参数
3.1	单级 DPFC 最大输出电压	600Vrms
3.2	单级 DPFC 额定容量	1080kvar
3.3	尺寸及质量	不大于 1600mm×1500mm×1400mm（含均压环），不大于 900kg

杭州 DPFC 示范工程接线图如图 8-14 所示。

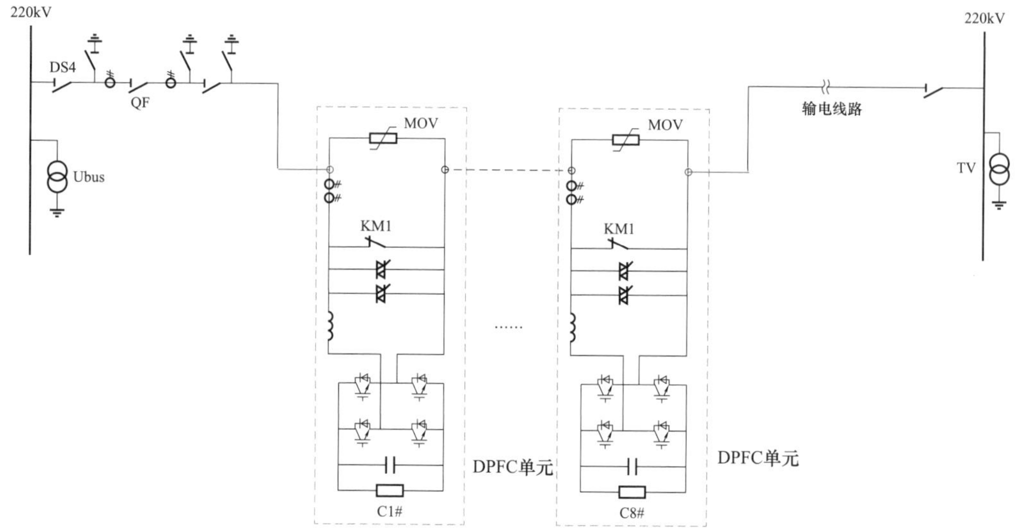

图 8-14 杭州 DPFC 系统接线示意图

每个 DPFC 单元采用单相全桥（H 桥）电路，由 4 只全控型电力电子功率器件 IGBT 为主体组成，DPFC 单元接收上层控制器的控制指令或根据本地阻抗控制指令等，通过 PWM 调制算法，生成 IGBT 驱动信号，将直流电压逆变为幅值可调的交流电压，从而向线路中注入幅值可调、相角与线路电流垂直的电压分量，达到改变线路等效阻抗的目的，实现线路的潮流控制。DPFC 单元由 IGBT、直流电容器、滤波回路、旁路单元、取能回路、控制单元、必要的电压电流测量元件及通信模块等组成。

杭州大陆变电站的 DPFC 按照双重化配置 2 套 DPFC 控制保护系统，由控制保护装置、测控装置和断路器操作装置组成，配置独立故障录波装置。

DPFC 控制保护系统采取双重化配置 A、B 两套控制保护装置，A、B 两套控制保护装置均接收来自调度控制层的指令，并执行功率控制、冗余逻辑策略，将 DPFC 子单元模块启动旁路命令、注入电压指令、值班信息等数据发送给各级 DPFC 子单元模块。DPFC 子单元模块根据控制保护系统下行通信通道状态判断选择当前值班控制保护系统，执行该系统控制命令，实现子单元换流阀控制。

测控装置接入监控系统，接收监控系统下发断路器、刀闸遥控命令，执行"五防"闭锁逻辑，输出控制接点。断路器操作装置接收控制保护装置及测控装置的旁路断路器操作接点命令，执行旁路断路器分、合闸操作。故障录波装置可对 DPFC 子单元直流电容电压、旁路断路器位置等进行独立录波。

每台控制保护装置、断路器操作装置组一面屏，测控单独组一面屏，故障录波装置组一面屏，1 个 DPFC 间隔组 4 面控制保护屏。DPFC 控制保护系统屏柜示意图如图 8-15 所示。

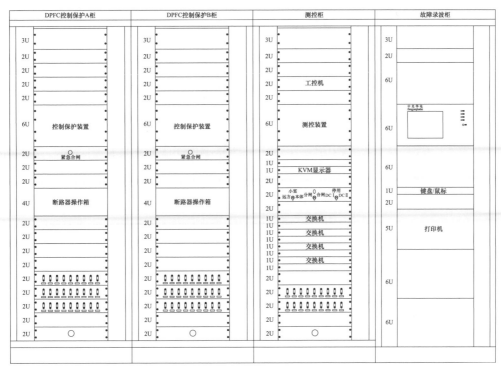

图 8-15　DPFC 控制保护系统屏柜示意图

DPFC 控制保护系统支持 DL/T 860（IEC61850）通信规约，通过监控 A、B 网接入站内监控主机，通过远动主机接入调度系统。控制保护系统通过保护及故障录波网上传保护动作信息。在继保小室配置就地监控，通过就地监控网实现控制保护系统装置内部调试。

配置独立故障录波装置，通过保护及故障录波网上传故障录波文件。DPFC 监控系统网络结构示意图如图 8-16 所示。

8.2.2　浙江湖州 DPFC 示范项目

8.2.2.1　工程必要性

浙江湖州地区电网 500kV 妙西变电站的 220kV 片网组成环网运行，这种运行方式可以提高 220kV 电网的稳定性，但可能存在潮流分布不均的问题。以 2021 年夏季大负荷运行方式为例，220kV 昆仑、祥福、金钉、太傅、扬子等变电站由祥福—甘泉双线通道和扬子—妙西双线通道提供电力保障，在长兴燃机#2 机组检修停运时，220kV 祥福—甘泉线路重载，$N-1$ 后另一回线路过载，而 220kV 扬子—妙西轻载，所以两个通道的输电能力无法满足生产生活负荷进一步增长的需求，需要采取措施以优化两个通道的整体输电能力。采用输电线路潮流控制技术来均衡两个通道的潮流分布，可有效提升整体输电能力。

经潮流计算分析，在湖州的甘泉—祥福双回线路加装 9 级共 54 个 DPFC 控制单元，总容量为 58.32MVA，以解决长燃电厂停机、甘泉—祥福线路 $N-1$ 运行方式下，甘泉—祥福潮流超限引起的系统安全稳定问题。DPFC 投入应用后，可动态转移线路潮流 140MW 以上，使该地区电网输电能力提升 140MW 以上。湖州供区电网潮流分布如图 8-17 所示。

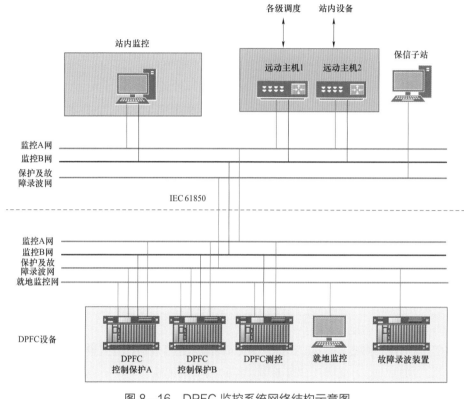

图 8-16　DPFC 监控系统网络结构示意图

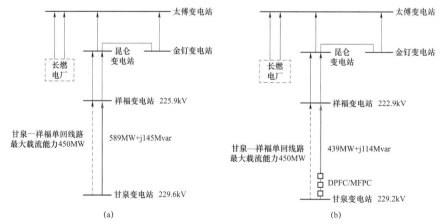

图 8-17　湖州供区电网潮流分布示意图（长燃电厂停机、甘泉—祥福 *N*-1 运行方式）

（a）加装 DPFC 前；（b）加装 9 级 DPFC

8.2.2.2　DPFC 工程简介

湖州 DPFC 示范工程系统接线图如图 8-18 所示。

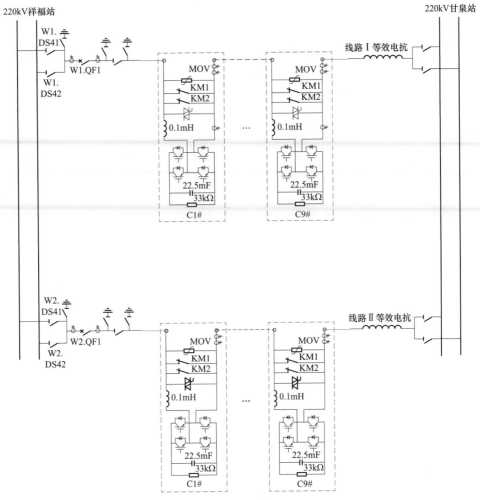

图 8-18 湖州 DPFC 系统接线示意图

湖州 DPFC 示范工程系统技术参数表如表 8-3 所示。

表 8-3   湖州 DPFC 系统技术参数表

序号	项目	技术参数
1	基本参数	
1.1	交流系统额定电压	220kV（线电压）
1.2	交流系统最高运行电压	242kV
1.3	DPFC 额定工作电流	1800Arms
1.4	DPFC 过载电流能力	1.1 倍电流过载运行不低于 30s
1.5	DPFC 短路电流水平	50kArms/125kApeak
1.6	雷击电流耐受水平	110kApeak（2.6/50μs）
2	湖州 DPFC 系统参数	
2.1	DPFC 单元级数	每回线每相 9 级，每回线三相 27 级；双回线共 54 级

续表

序号	项目	技术参数
2.2	DPFC 成套最大输出电压	每相电压 5400V
2.3	DPFC 额定容量	每回线 29.16MVA
3	DPFC 单元技术参数	
3.1	DPFC 单元供能方式	自取能
3.2	DPFC 单元最小启动电流	70Arms
3.3	DPFC 单元散热方式	采用相变技术的自然冷却散热
3.4	DPFC 单元额定电压	600VAC
3.5	DPFC 单元额定容量	1080kVA
3.6	尺寸（长×深×高）	1.5m×1.3m×1.1m
3.7	重量	<900kg
3.8	使用环境温度	−40～50℃
3.9	通信方式	光纤通信、无线通信

DPFC 换流器单元采用单相全桥（H 桥）电路，由 4 只全控型电力电子功率器件 IGBT 以及直流电容器、滤波回路、旁路单元、取能回路、控制单元、必要的电压电流测量元件以及通信模块等组成。

换流器中两个 IGBT 串联形成一个桥臂，两个桥臂的中间连接端分别引出作为换流器单元交流输出端，直流电容连接在换流器直流正、负母线之间，换流器接收上层控制器控制指令或根据本地阻抗控制指令等，通过 PWM 调制算法，生成 IGBT 驱动信号，将直流电容电压逆变为幅值、相位可调的交流电压，从而向线路中注入幅值可调、相角与线路电流垂直的电压分量，达到改变线路等效阻抗的目的，实现线路的潮流控制。

滤波回路用于改善换流器交流输出电压电能质量，同时抑制外部瞬态故障电流对换流器的影响。

旁路单元包含晶闸管旁路开关、快速机械旁路开关等，用于将换流器退出运行，或在换流器出现故障时将其可靠旁路。

取能回路用于给换流器控制单元及二次辅助回路供电，由于 DPFC 通常会布置在变电站外，一般无法实现外部供电，因此，DPFC 中设计内部自取能回路以满足控制及辅助用电需求。

控制单元用于完成控制目标的闭环无差调节并实现对换流器的控制，同时为换流器提供相应的保护逻辑。电压、电流等测量元件的采样信号作为控制单元控制保护逻辑的输入。

由于为分布式方案，DPFC 换流器布置可能会相对分散，因此同时具备光通信、无线通信两种信道，从而实现与上层控制系统的灵活接口。

220kV DPFC 控制保护系统采用双重化配置方案，由控制保护装置、测控装置组成。

A、B 两套控制保护装置均接收来自调度控制层的指令，并执行功率控制、冗余逻辑策略，将 DPFC 子单元模块启动旁路命令、注入电压指令、值班信息等数据发送给各级 DPFC 子单元模块。DPFC 子单元模块根据控制保护系统下行通信通道状态判断选择当前值班控制保护系统，执行该系统控制命令，实现子单元换流阀控制。

测控装置接入现有站内监控系统或者接入新增的运行人员工作站，接收运行人员控制系统下发的断路器、隔离开关遥控命令，执行"五防"闭锁逻辑，输出控制接点。

DPFC 控制保护系统的基本结构如图 4-24 所示。